Dieter Schulz

Das inoffizielle Digital-TV Buch

DIETER SCHULZ

DAS INOFFIZIELLE
DIGITAL-TV
BUCH

Mit 151 Abbildungen

FRANZIS

Bibliografische Information der Deutschen Bibliothek

Die Deutsche Bibliothek verzeichnet diese Publikation in der Deutschen Nationalbibliografie;
detaillierte Daten sind im Internet über **http://dnb.ddb.de** abrufbar.

Hinweis

Alle Angaben in diesem Buch wurden vom Autor mit größter Sorgfalt erarbeitet bzw. zusammengestellt und unter Einschaltung wirksamer Kontrollmaßnahmen reproduziert. Trotzdem sind Fehler nicht ganz auszuschließen. Der Verlag und der Autor sehen sich deshalb gezwungen, darauf hinzuweisen, dass sie weder eine Garantie noch die juristische Verantwortung oder irgendeine Haftung für Folgen, die auf fehlerhafte Angaben zurückgehen, übernehmen können. Für die Mitteilung etwaiger Fehler sind Verlag und Autor jederzeit dankbar.

Internetadressen oder Versionsnummern stellen den bei Redaktionsschluss verfügbaren Informationsstand dar. Verlag und Autor übernehmen keinerlei Verantwortung oder Haftung für Veränderungen, die sich aus nicht von ihnen zu vertretenden Umständen ergeben. Evtl. beigefügte oder zum Download angebotene Dateien und Informationen dienen ausschließlich der nicht gewerblichen Nutzung. Eine gewerbliche Nutzung ist nur mit Zustimmung des Lizenzinhabers möglich.

Satz: G&U Language & Publishing Services GmbH, Flensburg
art & design: www.ideehoch2.de
Druck: Bercker, 47623 Kevelaer
Printed in Germany

ISBN 978-3-7723-**4704-7**

INHALTSVERZEICHNIS

Vorwort

Fernseher, DVD-Player und -Rekorder, der Sat-Receiver, die DVB-T-Box und einige mehr sind an ihren Rückseiten meist reichhaltig mit unterschiedlichsten Buchsen bestückt. Sie dienen dazu, die einzelnen Geräte untereinander zu verbinden. Dabei ist nicht jeder Anschluss für alles geeignet. Die Anschlüsse erfüllen unterschiedliche Funktionen und bestimmen auch, in welcher Qualität die zu übertragenden Signale weitergegeben werden. Damit man die Komponenten einer AV-Anlage entsprechend ihrer Leistungsfähigkeit nutzen kann, ist es erforderlich, sie richtig zu verbinden. Voraussetzung dafür ist natürlich, über die Eigenheiten der einzelnen Buchsenstandards und ihrer Funktionsumfänge Bescheid zu wissen. Dieser Frage gehen wir ausführlich im einführenden Kapitel nach.

Das Hauptaugenmerk dieses Buchs liegt jedoch in der richtigen Verkabelung von Receiver, Rekorder, Fernseher und anderen Geräten. Denn je nachdem, auf welche Weise sie miteinander verbunden sind, lassen sie sich umfangreich oder nur eingeschränkt nutzen. Außerdem stellt man häufig fest, dass zu wenige Ein- und Ausgänge zur Verfügung stehen. Wie sollen etwa zwei Receiver und ein Fernseher an einen DVD-Rekorder angeschlossen werden, wenn dieser nur zwei SCART-Buchsen eingebaut hat? Diese Frage stellt sich öfter, als man meint. Deshalb finden Sie in diesem Buch verschiedene Lösungen dazu, wie man die eigene AV-Anlage verdrahten könnte. Außerdem verrät das Buch, welche Funktionen Sie damit nutzen können und wo Grenzen gesetzt sind. Da jedoch meist mehrere Wege zum Ziel führen, können hier nur Lösungsvorschläge angeboten werden. Sie dienen aber als Grundlage und liefern Ideen, wie man die vorhandenen Komponenten am besten verbindet. Lesen Sie auch, wie Sie selbst einen AV-Aus- oder, falls erforderlich, -Eingang an Ihren Geräten nachrüsten. Dazu ist weniger einschlägiges Fachwissen erforderlich, als Sie vielleicht meinen.

Der letzte Schwerpunkt des Buchs widmet sich dem Aufzeichnen von TV-Sendungen. Dabei wird der Frage nachgegangen, wie viele Stunden man auf einer Festplatte mitschneiden kann und weshalb es hier nicht möglich ist, eine genaue Aussage zu treffen. Diverse Inhalte werden über Satellit, vor allem aber über digitales Kabel und IPTV, mit einem Kopierschutzsignal ausgestrahlt. Damit lassen sie sich nicht auf Video mitschneiden. Dennoch gibt es einen Weg, wie man diese Sendungen auf legalem Weg archivieren kann. Was Sie dazu tun müssen, erfahren Sie hier.

Der Autor, im August 2008

1 Durchblick im Wirr-warr der Buchsen-standards

Geräte der Unterhaltungselektronik sind mit zahllosen Buchsen ausgestattet, von denen in der Regel nur ein Teil benötigt wird. Um sich im Wirrwarr der Buchsenstandards zurechtzufinden, werden im folgenden Abschnitt unterschiedlichste Geräte der Unterhaltungselektronik unter die Lupe genommen, und es wird untersucht, welche Buchsen sie eingebaut haben und wofür diese vorgesehen sind.

1.1 Digitale Sat-Receiver

Digital-Sat-Receiver bieten die größte Vielfalt an eingebauten Buchsen. Allerdings wird ihr Umfang sehr stark von den Funktionen der Box geprägt. Sehr einfache Modelle bieten nur eine Minimalausstattung. Höherwertige Receiver trumpfen dagegen mit reichhaltigen Anschlussmöglichkeiten auf.

Bild 1.1 Einfache Digitalboxen erfüllen bei den Anschlussmöglichkeiten oft nur Mindestanforderungen. Neben zwei SCART-Buchsen finden sich bei diesem Modell nur analoge und immerhin in zwei Normen vorhandene Digitalaudiobuchsen.

Weitgehend dem Standard entsprechend, haben typische Zapping-Boxen der Einsteigerklasse in der Regel zwei SCART-Buchsen eingebaut. Sie sind für den Anschluss des Receivers an den Fernseher und ein Videogerät vorgesehen. Entsprechend sind ihre Buchsen auch mit TV und VCR beschriftet. Nur wenige Receiver, meist solche des untersten Preissegments, kommen lediglich mit einem SCART-Steckplatz. Das macht das Anschließen des Fernsehers und Videorekorders etwas schwieriger. Häufig haben solche Boxen zumindest einen zweiten vollwertigen AV-Ausgang in Cinch-Steckernorm eingebaut. Über diesen könnte der Videorekorder angeschlossen werden.

Bild 1.2 Üblicherweise sind die beiden SCART-Buchsen mit TV und VCR beschriftet.

Zur Grundausstattung der meisten Digitalreceiver zählt auch der analoge Cinch-Audioausgang – weiß für den linken und rot für den rechten Kanal –, über den man beispielsweise bequem Satellitenradio per Stereoanlage anhören kann. Sind drei Cinch-Buchsen eingebaut, ist deren Beschriftung zumindest bei preiswerteren Geräten genauer unter die Lupe zu nehmen. Ist die dritte Buchse in Gelb ausgeführt, deutet alles auf einen Videoausgang hin.

Tatsächlich kann es auch der elektrische (koaxiale) Digitalaudioausgang sein. Seine Beschriftung ist nicht einheitlich, sollte meist aber ebenfalls mit S/PDIF, eventuell mit dem Zusatz ELEC für elektrisch, versehen sein. Alternativ zur koaxialen kann auch eine optische Digitaltonbuchse eingebaut sein. Nur wenige Receiver bieten beides an. Bei sehr preiswerten Digitalreceivern kann die Digitalaudiobuchse eingespart sein. Damit können diese Geräte auch keinen Dolby-Digital-Ton ausgeben.

Digitalreceiver ab der Mittelklasse können weitaus umfangreicher ausgestattet sein. Zwei SCART-Buchsen sowie ein Cinch-AV-Ausgang zählen bei ihnen zur Standardausstattung.

Bild 1.3 Receiver der Mittelklasse zeigen sich besser ausgestattet.

Auch die Digitaltonbuchse, meist in optischer Ausführung, ist mit dabei. Ferner finden sich oft eine RS-232-Schnittstelle und vermehrt auch eine USB-Buchse. Erstere wird bevorzugt zum Aktualisieren der Betriebssoftware benötigt. Neue Softwareversionen sind von den Homepages der Hersteller zuerst auf den PC zu laden und von dort mit einem Nullmodemkabel in den Receiver zu spielen. Diese Vorgehensweise ist zumindest bei exotischeren Modellen unumgänglich.

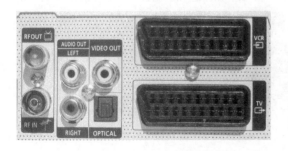

Bild 1.4 Sie verfügen auch über einen vollwertigen dritten AV-Ausgang auf Cinch-Basis.

Produkte mit einer größeren Marktpräsenz bieten meist ein weitaus bequemeres Software-Update per Satellit an. Dies hat den Vorteil, dass kein separates Kabel mehr zum Rechner verlegt werden muss. USB-Schnittstellen finden sich meist bei Festplattenreceivern und können mehrfach vorhanden sein. An der Rückseite sorgen sie beispielsweise für den Anschluss einer externen Festplatte. Auf diese Weise lassen sich viele seit Ende 2007 auf den Markt gebrachte HDTV-Receiver zu Festplattenrekordern erweitern.

Weiterhin kann auch eine USB-Verbindung zum Computer hergestellt werden. Je nach vom Hersteller gebotenen Funktionen lassen sich darüber MP3-Dateien oder Fotos auf die im Receiver eingebaute Festplatte übertragen, oder die Senderliste kann konfiguriert werden. Frontseitig eingebaute USB-Buchsen dienen dem direkten Anschluss eines USB-Sticks. Damit lassen sich ebenfalls Fotos oder Musik direkt über den Receiver wiedergeben – diesmal sogar ohne irgendwelche Kabel verlegen zu müssen.

Neben diesen immer wieder nützlichen Anschlüssen finden sich vereinzelt weitere, die jedoch nur für Spezialanwendungen erforderlich sind. Zu ihnen zählt eine 0/12-Volt-Buchse, die ein Steuersignal zum Umschalten zwischen zwei LNCs bereitstellt. Sie ist vor allem für den Einsatz eines Receivers an ältere oder spezielle DX-Anlagen von Interesse, bei denen die zeitgemäße Steuerung via DiSEqC-Protokoll nicht zum Einsatz kommt.

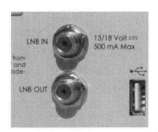

Bild 1.5 Die meisten digitalen Sat-Receiver sind mit einer Sat-Eingangs- und -Ausgangsbuchse ausgestattet.

Beachtung gilt es auch den Anschlüssen für die Antennenleitungen zu schenken. Bei Sat-Receivern sind dazu sogenannte F-Buchsen vorgesehen. Sie besitzen ein Außengewinde, auf das der Stecker einfach aufgeschraubt wird. Meist sind zwei übereinander angeordnete solche Buchsen an der Geräterückseite zu finden. Bis auf mehr als seltene Ausnahmen ist die obere Buchse der Sat-Antenneneingang. An ihn ist das vom LNB oder dem Multischalter kommende Antennenkabel anzuschrauben. Die Beschriftung der Buchse ist nicht einheitlich, lautet aber üblicherweise LNB IN und weist meistens auch die Angaben13/18 Volt sowie 500 mA Max oder ähnlich auf.

Bild 1.6 Typisches Anschlussfeld eines Fest-plattenreceivers mit Doppeltuner.

Die zweite F-Buchse ist eine Ausgangsbuchse, die mit LNB OUT oder IF OUT beschriftet sein kann. Sie wird nur benötigt, wenn an den Sat-Receiver ein zweiter angeschlossen werden soll. Da damit jedoch für das nachgeschaltete Gerät erhebliche Betriebseinschränkungen verbunden sind, ist diese Buchse nur in Ausnahmefällen von praktischem Nutzen. Vor allem Festplattenreceiver haben bis zu vier F-Buchsen eingebaut, wobei in der Regel je zwei übereinander angeordnet sind. Je ein Buchsenpaar ist einem Tuner zugeordnet, also weisen vier F-Anschlüsse auf einen Receiver mit Doppeltuner hin. Er erlaubt das zeitgleiche Ansehen und Aufzeichnen verschiedener Sendungen.

Die oberen und unteren Buchsen sind, wie bereits beschrieben, identisch beschriftet. Zusätzlich sind die Buchsenpaare beispielsweise mit LNB1 und LNB2 oder Tuner 1 und Tuner 2 markiert. Um einen Festplattenreceiver im vollen Leistungsumfang nutzen zu können, sind zwei LNB-Leitungen zu verlegen und an der Box anzuschließen.

An Sat-Receivern mit Minimalausstattung findet sich mitunter nur ein F-Anschluss. Er ist der LNB-Eingang, an den die Sat-Schüssel anzuschließen ist. Eine F-Durchschleifbuchse wurde bei ihnen eingespart.

Bild 1.7 Sehr einfache Digitalboxen bieten lediglich eine Antenneneingangsbuchse. Bei diesem DVB-T/DVB-S-Kombi-Receiver ist je ein Eingang für die terrestrische Antenne und die Sat-Schüssel vorgesehen. Eine Signaldurchschleifmöglichkeit zu weiteren Empfängern besteht nicht.

Teilweise finden sich an Sat-Receivern auch sogenannte IEC-Antennenbuchsen. Dabei handelt es sich um die Antennensteckernorm, die uns seit den 70er-Jahren des letzten Jahrhunderts in TV-Geräten zum Anschluss der Fernsehantenne begegnet. Sie sind nur noch vereinzelt in Digitalreceivern eingebaut und deuten auf einen eingebauten UHF-Modulator hin. Dieser verfügt über zwei Buchsen – einen mit RF IN oder auch einem Antennensymbol markierten Antenneneingang und einen mit RF OUT oder zum Beispiel einem Fernsehersymbol gekennzeichneten Ausgang.

Die Buchsen erfüllen zwei Aufgaben. Zum einen schleifen sie die von der Antenne empfangenen Signale durch den Receiver durch und leiten sie dem TV-Gerät unverändert weiter. Außerdem fügt der Modulator an einem selbst einzustellenden UHF-Kanal das Signal des Sat-Receivers hinzu. Auf diese Weise wird es vom Fernseher genau so wie ein reguläres analoges, über Antenne oder Kabel empfangenes TV-Programm erkannt und ist auf einem Programmspeicherplatz abzulegen. Im Vergleich zu SCART oder Cinch liefert der Modulatorausgang jedoch eine etwas schlechtere Bildqualität. Außerdem bietet er nur Mono-Ton an.

Bei digitalen Kabel-TV-Receivern finden sich ausschließlich IEC-Antennenbuchsen. Über sie wird das Kabelsignal aufgenommen und an der Ausgangsbuchse weiter zum Fernseher geleitet. Ein Modulator kann eingebaut sein, muss aber nicht.

Bei DVB-T-Receivern kommt die gleiche Antennensteckernorm zum Einsatz. Meist ist auch bei DVB-T-Receivern ein Antennenein- und -ausgang vorhanden. Wird nur noch DVB-T empfangen, kann man sich die Antennenleitung zum Fernseher sparen – allerdings nur, wenn dieser noch keinen eingebauten DVB-T-Tuner besitzt. Die beiden IEC-Anschlüsse geben jedoch keine Auskunft darüber, ob in der Box auch ein Modulator eingebaut ist. Dieser ist nämlich nur zum Teil vorhanden, womit die Antennenbuchsen lediglich als Durchschleifbuchsen ausgeführt sind. Bei meist sehr preiswerten DVB-T-Boxen ist nur ein IEC-Antenneneingang vorgesehen. Über ihn bezieht der Receiver die digitalen Antennensignale. Ihre Weiterleitung zum Fernseher ist nicht vorgesehen.

Kombi-Receiver, die digitales Satellitenfernsehen und DVB-T empfangen, haben sowohl F- als auch IEC-Anschlüsse eingebaut. Wie umfangreich sie ausgeführt sind, ist auch bei ihnen modellabhängig. Während sehr einfache Geräte nur mit je einer Eingangsbuchse auskommen, sind bei Geräten ab der Mittelklasse Durchschleifbuchsen, also je zwei F-Anschlüsse pro eingebauten Sat-TV-Tuner und zwei für den DVB-T-Teil, der auch einen Modulator integriert haben kann, üblich.

1.2   DVD-Rekorder

Wie bei allen Geräten entscheidet auch die Preisklasse eines DVD-Rekorders, wie viele Anschlüsse sich an seiner Rückseite befinden. Wir haben uns für ein gut ausgestattetes Modell der gehobenen Mittelklasse entschieden.

Bild 1.8   Rückseite eines DVD-Rekorders der gehobenen Mittelklasse. Er zeigt, welche Buchsen in DVD-Rekordern zu finden sein können.

Am auffälligsten sind die beiden SCART-Buchsen, die auch am wichtigsten sind. Eine ist mit AV1(TV) und die zweite mit AV2(DECODER/EXT) beschriftet. Sie werden benötigt, um die Verbindung zum Fernseher und etwa einem Sat- oder DVB-T-Receiver herzustellen. Über sie nimmt der Rekorder aufzuzeichnende Signale entgegen und leitet sie zum Beispiel an den Fernseher weiter. Bei unserem Testgerät finden sich zudem zahlreiche Cinch-Buchsen, die in drei Dreiergruppen zusammengefasst sind.

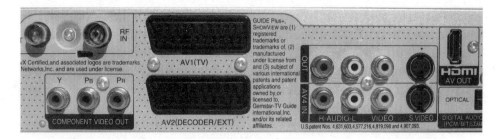

Bild 1.9   AV-Anschlussfeld eines DVD-Rekorders im Detail.

Die mit AV OUT beschriftete Buchse findet sich beinahe an allen Geräten. Dieser Ausgang besteht aus drei Buchsen: einer gelben für das Videosignal und je einer weißen und roten für den analogen linken und rechten Audiokanal. Bei sehr spartanisch ausgeführten Geräten kann auch nur der Audioausgang ausgeführt sein. Häufig werden lediglich die analogen Audioausgangsbuchsen benötigt, die dazu dienen, den analogen Stereoton an die Hi-Fi-Anlage weiterzuleiten.

Dolby-Digital-Ton können sie nicht übertragen. Dazu dient ein digitaler Audio-ausgang, der meist als optische Buchse ausgeführt ist. Er ist in der Regel mit Optical oder S/PDIF beschriftet. Daran ist ein Lichtleiterkabel anzuschließen. Alternativ dazu kann der digitale Audioausgang auch als Cinch-Buchse ausge-führt sein. Diese ist ebenfalls meist mit S/PDIF beschriftet. Meist ist ihre Buch-senfarbe schwarz. Sie kann aber auch in Gelb ausgeführt sein.

Der analoge Cinch-AV-Ausgang kann etwa zum Anschluss eines weiteren Fern-sehers oder Videorekorders genutzt werden. Sind die beiden SCART-Buchsen bereits mit Fernseher und Receiver belegt, kann man über die Cinch-Buchsen beispielsweise einen VHS-Videorekorder anschließen. Damit lassen sich selbst aufgezeichnete oder nicht mit Kopierschutz versehene DVDs auf Videokassette überspielen. Sofern auch ein Cinch-AV-Eingang vorhanden ist, der ebenfalls aus drei Buchsen mit den gleichen Farben besteht, lassen sich damit alte Video-kassetten auf DVD übertragen.

Die gelbe Cinch-Videoausgangsbuchse dient häufig auch zum Anschluss eines Beamers. Da dieser nur das Bild wiedergibt, muss zu ihm auch keine Audiolei-tung verlegt werden. Bei ihm erfolgt die Tonwiedergabe über die Hi-Fi-Anlage. Speziell für den Beamer sind die S-Video- oder Komponentenausgangsbuchsen von Interesse. Sie liefern eine bessere Bildqualität als der Cinch-Videoausgang.

Über einen eingebauten S-Video-Eingang kann das analoge Signal einer Video-kamera zugespielt werden. Auch dabei profitiert die DVD-Kopie von der besseren Übertragungsqualität des S-Video-Buchsenstandards. Da über die S-Video-Buch-se ebenfalls nur das Videosignal übertragen wird, ist hier wieder eine separate Audioleitung, die über die weiße und rote Cinch-Audiobuchse bewerkstelligt wird, vonnöten.

Die in diversen DVD-Rekordern eingebauten Komponentenbuchsen sind aus-schließlich als Ausgänge konzipiert. Sie erlauben es, geeigneten Fernsehgeräten ein sehr hochwertiges Videosignal zuzuspielen, das für beste Bildqualität sorgt. Der Komponentenausgang besteht aus drei Buchsen in den Farben Grün (Y), Blau (Pb) und Rot (Pr).

Analoge Komponenteneingänge zählen zur Standardausstattung aller HD-rea-dy-Flachbildfernseher, sind also in fast alle LCD- und Plasma-TVs eingebaut. Bei ihnen findet sich auch ein digitaler HDMI-Eingang. Dieser war zwar ursprünglich dazu gedacht, den modernen Fernsehern HDTV-Signale zuzuspielen, jedoch hält der Buchsenstandard vermehrt auch bei Nicht-HDTV-Geräten, unter ande-rem bei DVD-Rekordern, Einzug. Der besondere Vorteil von HDMI liegt in der exzellenten Bildqualität, die über diesen Standard erreicht wird. Er stellt alle anderen analogen Normen in den Schatten.

Zuletzt finden sich an DVD-Rekordern auch die seit Jahrzehnten bekannten Antennenbuchsen. Die Rekorder haben bis auf wenige Ausnahmen (Frühling 2008) nur analoge TV-Tuner eingebaut und sind deshalb vielfach nutzlos geworden. Da im deutschen Sprachraum nur noch wenige kleine TV-Sender analog ausstrahlen, kann man mit ihnen nur noch in wenigen Regionen Fernsehprogramme empfangen. Eine Ausnahme stellt das analoge Kabel-TV dar, das noch für einige Jahre analoge Sender verbreiten wird. Aber selbst dort ist die Digitalisierung bereits in vollem Gange.

Ferner können DVD-Rekorder an ihrer Front, meist hinter einer Klappe verborgen, einen weiteren AV-Eingang, der meist in Cinch-Norm ausgeführt ist, enthalten. Ihm kann zusätzlich eine S-Video- und gelegentlich sogar eine DV-IN-Buchse spendiert sein. Diese Buchsen sind primär dazu gedacht, bei Bedarf bequem eine Videokamera anzuschließen, ohne das Gerät aus dem Regal nehmen zu müssen.

1.3 VHS-Rekorder

Rund 20 Jahre alte VHS-Maschinen der Spitzenklasse trumpften durchaus mit reichhaltigen Anschlussmöglichkeiten auf. Seit Jahren gibt es jedoch nur noch einfache VHS-Rekorder zu kaufen, die lediglich Standardansprüchen gerecht werden. Dementsprechend mager präsentiert sich auch ihr rückwärtiges Anschlussfeld. Es beschränkt sich im Wesentlichen auf die beiden schon vom DVD-Rekorder bekannten SCART-Buchsen. Auch ihre Beschriftung ist gleich.

Bild 1.10 VHS-Rekorder neueren Datums sind nur noch mit den notwendigsten Buchsen ausgestattet.

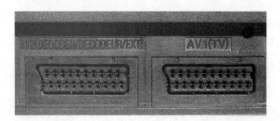

Bild 1.11 Ihr rückwärtiges Anschlussfeld beschränkt sich im Wesentlichen auf die beiden SCART-Buchsen. Ferner kann bei VHS-Hi-Fi-Maschinen auch ein Stereo-Cinch-Audioausgang vorhanden sein.

Zusätzlich haben VHS-Hi-Fi-Maschinen zumindest einen analogen Stereo-Cinch-Audioausgang eingebaut, der an der weißen und roten Buchse zu erkennen ist.

Besser ausgestattete Modelle können zusätzlich noch einen frontseitigen AV-Eingang in Cinch-Norm eingebaut haben. Er dient ebenfalls zum Anschluss einer Videokamera. Mit ihm lassen sich aber auch, genau wie beim DVD-Rekorder, alle anderen Videoquellen verbinden. Die eingebauten Buchsen genügen jedenfalls, um das TV-Gerät und einen externen Receiver an den Rekorder anzuschließen.

Mit dem eingebauten Analog-TV-Tuner kann man bestenfalls in Ausnahmefällen noch Fernsehprogramme über die Antenne empfangen. Ist er am Kabel-TV-Netz angeschlossen, ist so zumindest das analoge Kabel-TV-Basisangebot direkt zugänglich. Um auch den Stereoton der Videokassette in vollen Zügen genießen zu können, empfiehlt es sich, die Audioausgänge des VHS-Rekorders mit einem freien Eingang am Verstärker der Hi-Fi-Anlage zu verbinden. Da der Videorekorder ein analoges Medium ist, findet sich an ihm weder eine digitale Audio- noch eine HDMI-Buchse.

1.4 HDTV-Receiver

HDTV-Receiver weisen zunächst mal all jene Buchsen auf, die uns auch schon bei herkömmlichen Digitalboxen begegnet sind. Zwei SCART-Buchsen, ein analoger Cinch-AV-Ausgang sowie eine digitale Audiobuchse, meist in optischer Ausführung, zählen zur Standardausstattung. Sie dienen zur analogen Verbindung der Box mit dem Fernseher oder auch einem DVD- bzw. VHS-Rekorder. Über diese Anschlüsse können jedoch nur Fernsehsignale in Standardauflösung übertragen werden. Zur Weitergabe der extrascharfen HDTV-Bilder sind sie nicht geeignet. Dazu bedarf es zusätzlicher Buchsen, von denen zwei Arten eingebaut sind.

Bild 1.12 Typisches rückwärtiges Anschlussfeld eines HDTV-Receivers. Neben den bereits bekannten Buchsen hat er zur Weitergabe hochauflösender Bilder auch eine HDMI-Buchse und einen analogen Komponentenausgang eingebaut.

Am auffälligsten ist der mit drei Cinch-Buchsen ausgeführte analoge Komponentenausgang. Er ist an der grünen (Y), blauen (Pb) und roten (Pr) Buchse zu erkennen. Auch alle zumindest mit dem HD-ready-Logo versehenen LCD- oder Plasmafernseher verfügen über einen analogen Komponenteneingang, der meist ebenfalls in Cinch-Norm ausgeführt ist.

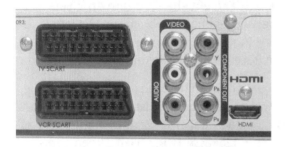

Bild 1.13   Insgesamt stehen fünf Anschlussmöglichkeiten für Fernseher und Rekorder bereit.

Nur selten wird der Receiver dem TV über eine DVI-Buchse zugeführt. Während über den Komponentenausgang HDTV-Signale nur analog übertragen werden, gibt die HDMI-Buchse sie digital weiter. Sie ist weitaus zierlicher als der SCART-Anschluss und liefert beste Bildqualität. Da bislang (Frühling 2008) keine HDTV-tauglichen Rekorder am Markt erhältlich sind, dienen der hochauflösende Komponenten- und der HDMI-Anschluss nur zur Anbindung des Receivers an das TV-Gerät.

Während bei HDTV-Sat- und Kabelreceivern durchaus beide Normen zur Weitergabe von HDTV-Signalen anzutreffen sind, können etwa IPTV-Receiver nur mit der digitalen HDMI-Buchse versehen sein. Da zumindest im deutschen Sprachraum via DVB-T noch kein HDTV übertragen wird, fehlen diese Buchsen durchweg bei diesen Geräten. Dennoch ist es denkbar, dass künftig auch sie mit einer HDMI-Buchse, von der man auch bei TV-Bildern in Standardauflösung profitiert, ausgestattet werden können.

1.5   IPTV-Receiver

IPTV-Receiver können ihre Verwandtschaft zu Digitalreceivern aller Art nicht leugnen. Obligatorisch sind auch hier die beiden SCART-Buchsen und zumindest ein analoger Cinch-Audioausgang sowie eine digitale Audiobuchse. Auch HDMI-Buchsen sind bei ihnen üblich, da über IPTV auch HDTV übertragen werden kann. Klassische Antenneneingänge in F- oder IEC-Norm fehlen. Stattdessen gibt es nur eine Ethernet-Buchse, über die TV-Signale entgegengenommen werden.

Bild 1.14 IPTV-Boxen von T-Home zeichnen sich durch umfassende Anschlussmöglichkeiten aus. Sie erinnern an gut ausgestattete Sat-Receiver.

Bild 1.15 Österreichische IPTV-Receiver beschränken sich auf das Wesentliche. Bei ihnen fällt auch der fehlende Antenneneingang gleich auf.

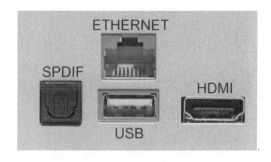

Bild 1.16 Bei IPTV kommen die Fernseh-signale über die Ethernet-Buchse. Auch HDMI für hochauflösendes Fernsehen ist an Bord.

1.6 AV-Receiver

Moderne AV-Receiver verfügen über zahlreiche Audio- und Videoanschlüsse. Während klassische Audioverstärker nur Audioquellen wie etwa den Platten-spieler, einen CD-Player und das Kassettendeck verwalten, legen AV-Receiver höchstes Augenmerk auf die immer zahlreicher werdenden Videoquellen in unseren Haushalten, die unsere Hi-Fi-Anlagenkomponenten ergänzen oder sogar ersetzen.

Bild 1.17 AV-Verstärker, wie der RX-V1800 von Yamaha, sind universelle Schaltzentralen, die die Signale aller vorhandenen Audio- und Videokomponenten verwalten (Foto: Yamaha).

Klassische Beispiele sind etwa der Sat-Receiver oder DVD-Player. Der Sat-Receiver liefert uns zum Beispiel Dolby-5.1-Ton zu zahlreichen im TV ausgestrahlten Filmen. Man kann mit ihm aber auch Radioprogramme über Satellit hören. Ähnlich verhält es sich beim DVD-Player, der ebenfalls Digitalraumklang ausgibt. Da er zudem auch CDs abspielen kann, ersetzt er den CD-Player.

Für diese und weitere Geräte sind in den AV-Receivern zahlreiche Anschlüsse vorgesehen, wobei meist mehrere Normen unterstützt werden. Je nach Modell verfügen sie über analoge Cinch-, S-Video-, Komponenten- und gelegentlich sogar SCART-Buchsen. Auch der digitale HDMI-Standard ist bei Geräten ab der Mittelklasse vertreten.

Bild 1.18 Die Rückseite des AV-Receivers RX-V1800 von Yamaha zeigt ein auf den ersten Blick unübersehbares Buchsenfeld. Neben den umfangreichen Anschlüssen für das Lautsprechersystem finden sich vor allem Cinch-AV-, aber auch S-Video- und Komponentenein- und -ausgänge. Selbst mehrere HDMI-Buchsen sind mit an Bord (Foto: Yamaha).

Der Vorteil der AV-Receiver liegt auch in der einfacheren Verkabelung der vorhandenen Gerätschaften. Da er als Schaltzentrale dient, sind lediglich alle Geräte und der Fernseher mit ihm zu verbinden. Der rückwärtige Kabelsalat wird dadurch geringer und übersichtlicher.

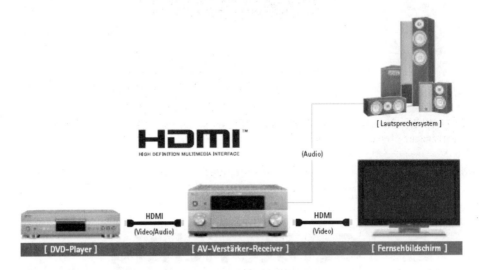

Bild 1.19 AV-Receiver leiten Audio- und, falls erforderlich, Videosignale an die Lautsprecher und den Fernseher weiter (Foto: Yamaha).

2 Geräte richtig miteinander verbinden

Die Unterhaltungselektronik bietet im Heimkinobereich neben Fernseher, Sat-Receiver und DVD-Rekorder eine Vielzahl weiterer möglicher Komponenten. Damit alle Geräte im vollen Umfang genutzt werden können, müssen sie richtig miteinander verbunden werden.

2.1 Pin-Belegung von SCART-Steckern

Die SCART-Buchse ist der Standardanschluss zur Übertragung analoger AV-Signale. Deshalb ist sie, häufig sogar mehrfach, etwa an Sat-Receivern, DVB-T-Boxen, am VHS- oder DVD-Rekorder und an weiteren Geräten und natürlich dem Fernseher zu finden. Die Stecker sind verhältnismäßig groß und unhandlich. Ihre Abmessungen betragen gerundet ca. 4,5 x 1,5 cm. Im Steckerfeld sind in zwei Reihen je zehn Kontakte untergebracht, die durch einen Metallrahmen, er ist gleichsam die Abschirmung, umgeben sind. Damit finden sich an der SCART-Buchse insgesamt 21 Kontakte. Über sie werden das Stereo-Audio- sowie das Videosignal in mehreren Variationen übertragen. Neben dem Standard-FBAS-Signal leiten sie auch das qualitativ bessere RGB-Signal weiter.

Nicht alle SCART-Kabel sind gleich

Obwohl alle SCART-Stecker gleich aussehen, gibt es doch Unterschiede im Detail, die entscheidend für ihre Funktionalität sind. Neben voll bestückten Buchsen gibt es teilweise belegte, die entweder nur ein- oder nur ausgehende Signale weiterleiten. Neben der Qualität der Ausführung und des verwendeten Stecker- und Kabelmaterials ist hier die Belegung der einzelnen Kontakte, man spricht auch von Pins, relevant.

Voll bestückte Kabel

Voll bestückte Kabel erkennt man am voluminösen Kabel zwischen den beiden SCART-Steckern. Es beinhaltet 21 Adern, womit alle Kontakte des Steckers voll beschaltet sind. Nur mit solchen Kabeln kann man den gesamten Leistungsumfang der SCART-Verbindung in maximaler Qualität nutzen. Man kann mit ihnen den DVD-Player am TV anschließen oder etwa den Sat-Receiver an den Videorekorder. Da sie außerdem alle für Standardfernsehen relevanten Videosignalarten übertragen, sorgen sie für beste Bildqualität.

Volle Pin-Belegung eines SCART-Kabels

Pin	Signalart
1	Audio Out Rechts
2	Audio In Rechts
3	Audio Out Links
4	Audio Masse
5	RGB Masse (Blau)
6	Audio In Links
7	RGB Ein-/Ausgang (Blau), bei YUV V (Pb)
8	AV-Umschaltung/Seitenverhältnis (0 bis 2 V TV Standard; 5 bis 8 V AV 16:9; 9 bis 12 V AV 4:3)
9	RGB Masse (Grün)
10	D^2B Eingang (Domestic Digital Bus)
11	RGB Ein-/Ausgang (Grün), bei YUV Y
12	D^2B Ausgang
13	RGB Masse (Rot), S-Video Chrominanz Masse
14	RGB Umschalt-Signal Masse
15	RGB Ein-/Ausgang (Rot), bei YUV U (Pr); S-Video Chrominanz Ein-/Ausgang
16	RGB Umschalt-Signal Ein-/Ausgang (1 bis 3 V high (RGB), 0 bis 0,4 V low (FBAS = Composite)
17	FBAS Video (Sync) Ausgang Masse, S-Video Luminanz Ausgang Masse
18	FBAS Video (Sync) Eingang Masse, S-Video Luminanz Eingang Masse
19	FBAS Video (Sync) Ausgang, S-Video Luminanz Ausgang
20	FBAS Video (Sync) Eingang, S-Video Luminanz Eingang
21	Masse (Kabelschirmung)

Teilweise bestückte Kabel

Nur teilweise bestückte Kabel sind dünner und bieten lediglich begrenzten Leistungsumfang. Je nachdem, wie viele Pins der Stecker belegt sind, lassen sie sich zum Beispiel nur in eine Richtung nutzen. Bleibt etwa der Bildschirm bei mit einem solchen Kabel angestecktem DVD-Player schwarz, dann deshalb, weil man das Kabel entgegen seiner Signalflussrichtung angeschlossen hat. Dreht man es um, sollte dem TV-Vergnügen nichts mehr im Wege stehen. Sind bei einfachen SCART-Kabeln nur die Pins für das einfachere FBAS-Signal ausgeführt, kann man mit ihnen keine RGB-Signale übertragen.

Mitunter erkennt man auch direkt am Stecker, welche Pins ausgeführt sind. Vereinzelt werden Kabel angeboten, bei denen nicht alle Pins im Stecker ausgeführt sind. Wir empfehlen auf jeden Fall voll bestückte Kabel, da sie universeller einsetzbar sind und man für alle Anwendungen stets das richtige Kabel zur Hand hat.

Die folgende SCART-Kabel-Minimalbeschaltung überträgt nur das Videosignal und ist nicht für S-Video oder RGB geeignet.

Mindestbeschaltung eines SCART-Kabels

Signalart Stecker 1	Pin Stecker 1	Pin Stecker 2	Signalart Stecker 2
Audio Out Rechts	1	2	Audio In Rechts
Audio In Rechts	2	1	Audio Out Rechts
Audio Out Links	3	6	Audio In Links
Audio In Links	6	3	Audio Out Links
Audio Masse	4	4	Audio Masse
AV-Umschaltung	8	17	AV-Umschaltung
FBAS-Masse	17	17	FBAS-Masse
FBAS Video Out	19	20	FBAS Video In
FBAS Video In	20	19	FBAS Video Out

2.2   Wohnzimmerstandards heute

Der Fernseher hat sich während der letzten Jahre zur Wiedergabezentrale für zahlreiche Anwendungen weiterentwickelt. Die Zeiten, in denen er nur an einer TV-Antenne zum Empfang einiger weniger Sender direkt angeschlossen war, sind längst vorbei. Im digitalen Zeitalter wollen zahlreiche Geräte an ihn angeschlossen werden, Tendenz steigend.

Zur Standardausstattung zählt neben dem digitalen Sat-Receiver meist ein VHS- oder DVD-Rekorder oder eventuell beides. Nachdem das analoge Fernsehen weitgehend durch DVB-T ersetzt wurde, ist nun auch ein zweiter Sat-Receiver oder eine DVB-T-Box ins Blickfeld gerückt. Immerhin kann man mit den eingebauten analogen Tunern des Fernsehers oder Videorekorders nichts mehr empfangen – es sei denn, man hat analoges Kabel-TV, das aber ebenfalls bereits in wenigen Jahren der Vergangenheit angehören wird.

Bislang bieten nur wenige TV-Geräte einen DVB-T- oder sogar Multifunktions-
tuner, mit dem man auch den Digitalsatelliten sehen kann. Integrierte Digitaltuner finden sich primär in neuen LCD-Fernsehern der gehobenen Preisklasse.
Preiswerte Einsteigergeräte müssen bislang noch weitgehend ohne sie auskommen. Dennoch wird es nicht allzu lange dauern, bis sich auch in diesem
Marktsegment eingebaute Digitaltuner finden.

Bild 2.1 Hier der Panasonic VIERA mit integrierten DVBT-Tuner (Foto: Panasonic).

Weitaus drastischer verhält sich die Situation bei Videorekordern aller Art. Alte
VHS-Maschinen sind grundsätzlich nur mit einem analogen Empfangsteil ausgestattet, mit dem sie inzwischen keine TV-Signale von der Fernsehantenne
mehr empfangen können. Da kaum noch VHS-Rekorder produziert werden, finden sich kaum welche mit DVB-T-Tuner. Ähnlich verhält es sich bei DVD-Rekordern. Die sind zwar neu, modern und haben oft eine Festplatte eingebaut, aber
auch bei ihnen muss man auf den integrierten Digitaltuner bis auf wenige Ausnahmen verzichten.

Um weiterhin TV-Programme ansehen oder aufzeichnen zu können, wird in den
meisten Fällen ein externer Receiver benötigt. Dies kann eine (digitale) Sat-,
DVB-T- oder IPTV-Box sein. Selbst beim Kabelfernsehen schreitet die Digitalisierung voran, daher benötigt man schon heute für die wirklich große Kabelpro-
grammvielfalt eine digitale Kabelbox.

Besitzt man nur einen Digitaltuner, stellt dieser die TV-Signale für den Fernseher und Videorekorder bereit. Da man mit ihm stets nur ein Programm ansehen kann, ist das gleichzeitige Aufzeichnen einer Sendung, während man eine zweite ansehen möchte, nicht möglich. Möchte man sich diese Freiheit auch im digitalen Zeitalter aufrechterhalten, ist für den Fernseher und das Videogerät je ein separater Tuner vorzusehen. Allein bei dieser verhältnismäßig einfachen Konfiguration bieten sich mehrere Verkabelungsvarianten an, die unterschiedliche Nutzungsmöglichkeiten eröffnen.

2.3 Zwei Sat-Receiver und ein Videorekorder am TV

Das digitale Satellitenfernsehen bietet die größte Programmvielfalt und zudem auch höchste Bild- und Tonqualität. Setzt man allein auf diesen Empfangsweg, bietet sich für das Wohnzimmer der Einsatz zweier digitaler Zappingboxen an. Je eine wird fix dem TV-Gerät bzw. dem Video- oder DVD-Rekorder zugeordnet. Digitalboxen aller Art werden beinahe ausschließlich über die Fernbedienung gesteuert. Dazu sind in den Geräten Steuerbefehlssätze einprogrammiert, auf die sie reagieren.

Legt man sich zwei Geräte desselben Typs zu, arbeiten beide üblicherweise mit den gleichen Steuerbefehlen, wodurch man mit nur einer Fernbedienung stets beide Receiver ansprechen würde. Bis auf wenige Ausnahmen arbeiten Geräte einer Modellreihe nur mit einem fest programmierten Steuersatz. Daher lassen sich auch nicht zwei davon im selben Raum betreiben. Nur wenige Modelle bieten mehrere Fernbedienungsbefehlsätze, auf die sie leicht mit der Fernbedienung umzuprogrammieren sind. Nur dann kann man zwei baugleiche Digitalboxen für den Fernseher und den Videorekorder nutzen.

Das Verkabeln zweier Sat-Receiver mit Videorekorder und Fernseher ist mit wenigen Handgriffen bewerkstelligt. Dazu werden lediglich drei SCART-Kabel benötigt. Die meisten Digitalreceiver bieten an der Rückseite zwei SCART-Buchsen. Sie sind üblicherweise mit TV oder einem Fernsehersymbol und VCR beschriftet. Weitaus seltener sind sie lediglich mit AV1 oder AV2 markiert. Diese Beschriftungen geben bereits vor, zwischen welchen Gerätebuchsen die SCART-Kabel zu verlegen sind.

Auf die Fernbedienung achten

Bei der Auswahl der Receiver gilt es besonders auf die Fernbedienungen zu achten. Durchaus häufig werden einzelne Fernbedienungen von unterschiedlichen Herstellern für verschiedene Modelle genutzt. Auch da sind gegenseitige Beeinflussungen nicht auszuschließen. Es empfiehlt sich jedenfalls, noch vor dem Kauf eines Receivers auszuprobieren, ob dieser auch auf die Fernbedienung des anderen, den man zu kaufen beabsichtigt, reagiert. Falls ja, sollte man von ihm die Finger lassen. Besitzen Sie bereits einen Digitalreceiver, sollten Sie am besten dessen Fernbedienung ins Geschäft mitnehmen und sie dort ausprobieren. So sehen Sie, wie der neu ins Auge gefasste Receiver darauf reagiert. Gleiches gilt entsprechend für alle Arten von Geräten der Unterhaltungselektronik, wie etwa für DVB-T-Boxen oder DVD-Rekorder.

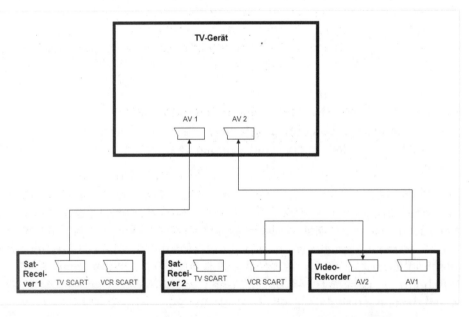

Bild 2.2 SCART-Verdrahtungsschema für den Fall, dass für Fernseher und VHS- oder DVD-Rekorder je ein separater Receiver vorgesehen ist. Dieses erlaubt das gleichzeitige Ansehen und Aufzeichnen verschiedener Programme.

An dem für den Fernseher vorgesehenen Receiver ist der SCART-TV-Ausgang zu wählen, über den die Verbindung mit der AV1-Buchse des Fernsehers herzustellen ist. Grundsätzlich würde sich der AV2- oder, falls noch vorhanden, auch der AV3-Eingang genauso gut dazu eignen. Wählen Sie AV1, weil dieser in der Regel über die Fernbedienung am leichtesten zu erreichen ist. Da meist im Gegensatz zum Live-Fernsehen nur wenig aufgezeichnet oder von der Kassette oder DVD angeschaut wird, erleichtert das die tägliche Bedienung erheblich.

Am zweiten Sat-Receiver stecken Sie das SCART-Kabel an die VCR-Buchse und verbinden es mit einem der SCART-Eingänge des Videorekorders. Deren Buchsenbeschriftung ist nicht einheitlich. Ihre AV1-Buchse kann auch mit TV oder einem Fernsehersymbol markiert sein. Die mit AV2 oder auch Decoder/Ext beschriftete Buchse ist jene, an die der zweite Sat-Receiver anzuschließen ist. Die noch freie AV1-Buchse ist mit einem dritten SCART-Kabel mit dem AV2-Eingang des Fernsehers zu verbinden. Die noch freien Buchsen der Digitalreceiver werden nicht benötigt.

Die tägliche Handhabung ist einfach. Die Signale des ersten Sat-Receivers werden ausschließlich dem TV-Gerät zugespielt, das sie über den AV1-Eingang entgegennimmt. Zum Fernsehen ist an ihm deshalb der Programmplatz AV1 zu wählen. Der zweite Receiver dient ausschließlich als Signalquelle für den Videorekorder. Nach unserem Anschlussschema empfängt er alle Programme über den AV2-Eingang, der dauerhaft eingestellt bleiben kann. Zum Ansehen von Videos ist am Fernseher AV2 einzustellen.

2.4   Ein Festplattenreceiver und ein Videorekorder am TV

Eine artverwandte Verkabelung bietet sich für Festplattenreceiver an. Mit ihnen lassen sich bequem Sendungen, die man nach dem Ansehen wieder zu löschen gedenkt, aufzeichnen. Da die Geräte zudem meist über einen Doppeltuner verfügen, erlauben sie das parallele Aufzeichnen und Ansehen verschiedener Sendungen. Wofür Sie bei der zuvor vorgestellten Methode noch zwei Receiver benötigten, brauchen Sie demnach nur mehr einen. Sein TV-SCART-Ausgang ist lediglich mit der AV1-Buchse des TVs zu verbinden. Sie dient zum Live-Fernsehen oder Anschauen von auf der Festplatte gespeicherten Inhalten.

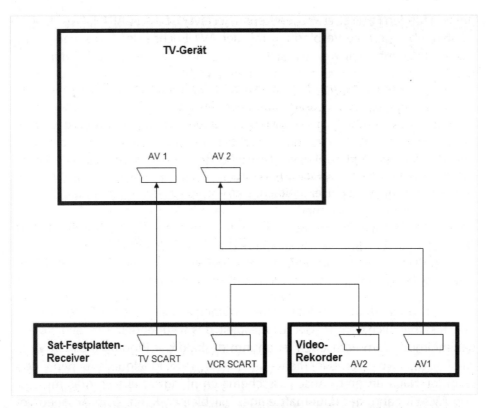

Bild 2.3 Festplattenreceiver zeichnen, je nach Modell, bis zu vier Sendungen gleichzeitig im Hintergrund auf und speichern sie auf die eingebaute Festplatte, während man eine weitere live am Fernseher anschauen kann. Der externe Videorekorder wird nur noch zum dauerhaften Archivieren besonders spannender Sendungen oder zum Abspielen alter Aufnahmen oder Kauf-DVDs benötigt.

Der VHS- oder DVD-Rekorder spielt nur noch eine sekundäre Rolle. Er wird benötigt, um besonders interessante Sendungen dauerhaft zu archivieren. Diese können beispielsweise, nachdem man auf der Festplatte bereits die Werbeblöcke herausgeschnitten hat, auf den externen Rekorder überspielt werden. Dazu verlegen Sie von der VCR-SCART-Buchse des Festplattenreceivers eine Leitung zum AV2-Eingang des VHS- oder DVD-Rekorders. Zuletzt benötigen Sie noch ein SCART-Kabel, um seine Signale zum Fernseher zu leiten. Schließen Sie das Kabel an AV1 des Rekorders und AV2 des TV-Geräts an.

2.5 Sat-/DVB-T-Receiver und Videorekorder an TV

Fernsehen kommt heute über mehrere Verbreitungswege. Die größte Programmvielfalt bietet der Satellit. Aber auch das digitale Kabel, IPTV oder DVB-T können exklusive Inhalte bereitstellen, die einen zweiten Empfangsweg erforderlich machen. Selbstverständlich möchte man die mit beiden Receivern empfangenen Kanäle nicht nur live am Fernseher ansehen, sondern bei Bedarf auch aufzeichnen können. Und hier ergeben sich bereits Probleme, weil bei Weitem nicht alle TV- und Videogeräte über ausreichende Anschlüsse verfügen.

Zur uneingeschränkten Nutzung aller drei Geräte müsste jedes von ihnen je drei AV-Ausgänge eingebaut haben. Bei diversen Sat-Receivern, VHS- oder DVD-Rekordern und Fernsehern ist das sogar der Fall. Allerdings bewegt man sich bei diesen Geräten in den oberen Preisregionen. Dennoch lohnt es sich, im Vorfeld die einzelnen Geräte etwas genauer unter die Lupe zu nehmen. Die während der letzten Jahre verkauften VHS-Rekorder erfüllen nur noch Standardansprüche. Dementsprechend sind sie auch nur noch mit wenigen Anschlüssen ausgestattet. Zwei SCART-Buchsen zählen zur üblichen Ausstattung. Zusätzlich kann ein AV-Eingang mit Cinch-Buchsen an der Front zum Anschluss einer Videokamera eingebaut sein. Ihn könnte man etwa für die DVB-T-Box zweckentfremden. Allerdings wirken an der Gerätefront dauerhaft verlegte Kabel unaufgeräumt und können bei Gästen einen schlampigen Eindruck hinterlassen.

Gleiches gilt auch für die meisten Wohnzimmerfernseher. Sie bieten an ihrer Rückseite üblicherweise zwei SCART-Buchsen an. Einen Cinch-AV-Eingang, auch hier für die Videokamera gedacht, gibt es entweder seitlich oder ebenfalls vorne. Sie können frei zugänglich oder hinter einer Klappe verborgen sein. Auch hier ist es nicht wirklich attraktiv, die Leitungen ständig im Blickfeld zu haben.

Mehr Glück hat man oft bei den uns bekannten DVD-Rekordern. Sie verfügen neben den beiden SCART-Buchsen auch über einen Cinch-AV-Ausgang und somit über drei Anschlussmöglichkeiten. Es muss jedoch darauf hingewiesen werden, dass dies nicht bei allen Modellen der Fall sein muss. Sat-Receiver ab der Mittelklasse haben häufig neben den beiden SCART-Buchsen auch einen Cinch-AV-Ausgang an Bord, womit sie sich gut für unsere Aufgabe eignen. Bei Geräten der unteren bis mittleren Preisklasse muss man sich jedoch mit zwei SCART-Anschlüssen begnügen – zu wenig für unser Anliegen. DVB-T-Boxen sind meist sehr preiswert und bieten dementsprechend auch nur eine Minimal-ausstattung. Mehr als zwei SCART-Buchsen darf man bei ihnen kaum erwarten.

Da sich nicht jeder Geräte der Oberklasse anschaffen will, betrachten wir zuerst die Verdrahtungsmöglichkeiten von Receivern, Rekordern und dem Fernseher, wie sie in zahlreichen Haushalten tatsächlich anzutreffen sind.

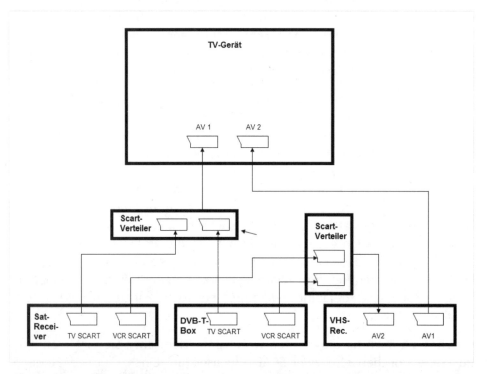

Bild 2.4 SCART-Verkabelungsschema für zwei Receiver und einen Videorekorder bei je zwei vorhandenen SCART-Buchsen an den Geräten.

Zum Anschluss eines Sat- und DVB-T-Receivers an einen Videorekorder und den Fernseher benötigen Sie fünf SCART-Kabel und zwei SCART-2-fach-Verteiler.

1. Da unser TV-Gerät nur zwei SCART-Anschlüsse besitzt, sind zuerst die SCART-TV-Ausgänge der Receiver mit einem SCART-2-fach-Verteiler zusammen-zufassen. Dazu ist je eine SCART-Leitung von den TV-SCART-Buchsen der Digitalboxen zu den SCART-Eingängen des Verteilers zu verlegen.

2. Üblicherweise sind an SCART-Verteilern bereits kurze Kabel mit einem dar-auf montierten SCART-Stecker fix angeschlossen. Dieser Stecker ist in den AV1-Eingang des Fernsehers zu stecken. Damit stehen bereits das digitale Sat-TV und das Antennenfernsehen am TV-Gerät zur Verfügung.

Da einfache SCART-Verteiler stets beide Eingänge an den Ausgang weiterleiten, darf jedoch immer nur ein Receiver eingeschaltet sein. Würde man beide zeitgleich in Betrieb nehmen, würden sich die Signale beider Boxen überlagern und somit unbrauchbar werden. Da man ohnehin nur eine Sendung am TV ansehen kann, ist dieser Nachteil zu verschmerzen.

3. Fernsehprogramme wollen ab und an mal aufgezeichnet werden. Damit dies ebenfalls von beiden Receivern aus möglich ist, können sie nicht direkt am Rekorder angeschlossen werden, allein schon deshalb, weil zumindest bei einfacheren VHS-Modellen eine AV-Buchse zu wenig vorhanden ist.

   Deshalb sind auch die VCR-SCART-Ausgänge der beiden Receiver an einem SCART-2-fach-Verteiler anzuschließen. Dazu ist genau so zu verfahren, wie schon bei den TV-Ausgängen beschrieben. Der SCART-Stecker des Verteilers ist in den AV2-Eingang des Rekorders zu stecken. Zuletzt ist die AV1-Buchse des Videorekorders mit dem AV2-Eingang des Fernsehers zu verbinden.

Auch beim Aufzeichnen einer Sendung darf nur einer der beiden Receiver laufen, da es sonst ebenfalls zu den Überlagerungen bei Bild und Ton kommt, die jeden Mitschnitt unbrauchbar werden lassen würden. Obwohl man zwei Receiver hat, ist es demnach nicht möglich, eine Sendung anzusehen, während man zeitgleich eine andere aufzeichnet.

2.6   Hier helfen Cinch-Leitungen weiter

Die meisten modernen TV-Geräte besitzen zusätzlich auch einen Cinch-AV-Eingang. Meist ist er seitlich angebracht oder von vorne zugänglich, um das unkomplizierte Anschließen einer Videokamera zu ermöglichen. Da die Buchsen einen weiteren AV-Eingang repräsentieren, können sie auch zur dauerhaften Nutzung eines zusätzlichen Bildlieferanten dienen. Dafür empfehlen sich vor allem Geräte, von denen keine allzu hohe Bildqualität zu erwarten ist, wie beispielsweise die DVB-T-Box.

Da Receiver für das digitale Antennenfernsehen häufig einen Cinch-AV-Ausgang besitzen, bietet dieser sich an, um über ihn den Anschluss an den Cinch-Eingang des Fernsehers zu bewerkstelligen. Bei fehlenden Cinch-Buchsen an der DVB-T-Box bietet sich ein SCART-auf-Cinch-Adapterkabel an. Es muss so beschaltet sein, dass das AV-Signal von SCART nach Cinch geleitet wird. Mit ihm lässt sich der Receiver per TV-SCART-Buchse am Cinch-AV-Eingang des Fernsehers anschließen.

DIGITAL-TV

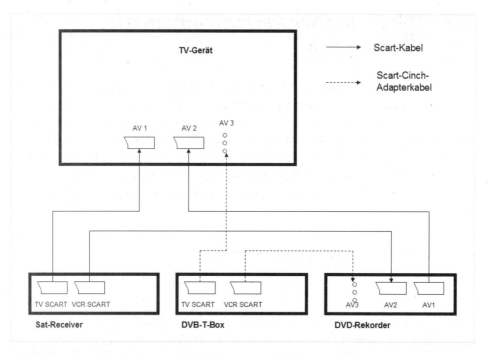

Bild 2.5 Das Beispiel zeigt, wie eine DVB-T-Box so mit Fernseher und DVD-Rekorder zu verbinden ist, dass alle Komponenten unabhängig voneinander nutzbar sind. Die zusätzlichen Cinch-AV-Buchsen vieler Geräte macht's möglich.

Ein weiteres solches Adapterkabel bietet sich aber auch an, um die DVB-T-Box mit dem DVD-Rekorder zu verbinden, der meist sogar neben zwei SCART-Buchsen einen vollwertigen Cinch-AV-Ein- und -Ausgang eingebaut hat. Damit können ihm die Signale zweier Receiver für Aufnahmen zugespielt werden. Von Vorteil ist besonders, dass sich beide Digitalboxen uneingeschränkt nutzen lassen und man mit einem Receiver fernsehen kann, während man vom anderen aufzeichnet.

Bild 2.6 Cinch-Eingänge seitlich am Fernseher.

2.7 Der Fernseher wechselt automatisch den Eingang

Voll bestückte SCART-Kabel leiten nicht nur AV-Signale unterschiedlicher Qualität in beide Richtungen weiter. Sie übertragen auch Steuerbefehle. Eine zentrale Funktion nimmt dabei Pin 8 ein, über den verschiedene Spannungshöhen diverse Schaltvorgänge am TV-Gerät auslösen. Schaltet man etwa den Sat-Receiver ein oder den Videorekorder auf Wiedergabe, wird von diesen Geräten über Pin 8 ein Steuerimpuls ausgegeben, der vom SCART-Eingang des Fernsehers erkannt wird, worauf dieser automatisch auf den betreffenden Eingang schaltet.

Pin 8 einfach außer Kraft setzen

Diese Funktionalität ist einerseits ganz fein, weil man sich das Hantieren mit der zweiten Fernbedienung erspart, wenn man mal einen Videofilm ansehen möchte. Allerdings ist diese Automatikfunktion nicht immer gewünscht, etwa dann nicht, wenn sich Rekorder und Receiver timerprogrammiert einschalten, um im Hintergrund eine Sendung aufzuzeichnen, während man zum Beispiel ein anderes Programm mit dem im TV eingebauten DVB-T-Tuner anschaut.

Abhilfe lässt sich auf mehrfache Weise schaffen. Am einfachsten ist es, kein voll belegtes SCART-Kabel zu nutzen. Alternativ dazu bietet es sich an, den Pin 8 an einem Stecker eines voll bestückten SCART-Kabels einfach abzuzwicken.

Bild 2.7 Am einfachsten lässt sich der an Pin 8 angelötete Draht mit einer kleinen Zange abzwicken.

DIGITAL-TV

Dazu müssen Sie das Steckergehäuse öffnen. Üblicherweise sind die einzelnen Pins zumindest von der außen zugänglichen Seite beschriftet, womit sich die abzuzwickende Ader leicht durch Abzählen ermitteln lässt. Am sichersten lässt sie sich mit einem kleinen Elektroniker-Seitenschneider vom Kontaktstift entfernen. Alternativ kann man sie mit einem kleinen Feinlötkolben auch ablöten. Dazu ist jedoch Lötgeschick erforderlich, um nicht an anderen Pins Kurzschlüsse zu erzeugen.

Das nun lose Drahtende ist mit einem Stück Isolierband oder Tesafilm abzukleben, sodass sein blankes Ende keine leitende Verbindung zu anderen Pins eingehen kann. Erst danach ist der Stecker wieder sorgsam zusammenzubauen.

Die Umschaltautomatik-Deaktivierung funktioniert allerdings nur, so lange man das so modifizierte Kabel verwendet. Kommt ein neues zum Einsatz, ist auch bei ihm der Pin 8 zu deaktivieren.

HINWEIS!

Pin 8 und die Bildformatumschaltung

Pin 8 erledigt nicht nur die Umschaltung auf den AV-Eingang am TV-Gerät. Diese wird übrigens mit einer Spannung von 12 Volt bewerkstelligt. Er ist auch für die Bildformatumschaltung zuständig. Bei 9 bis 12 Volt wird auf 4:3-Wiedergabe geschaltet. Mit 5 bis 8 Volt wird in den 16:9-Breitbildmodus gewechselt.

In der Praxis fällt dies bei deaktiviertem Pin 8 jedoch kaum auf, da die formatrichtige Wiedergabe primär von den Videoeinstellungen des via SCART angeschlossenen Receivers, Players oder Rekorders bestimmt wird. Ist er etwa auf 16:9 und Pan&Scan eingestellt, liefert er von sich aus das korrekte Bild zum Breitbildfernseher. Die Bildformatumschaltung wird dabei gar nicht benötigt. Unabhängig davon funktioniert diese ohnehin nicht immer so, wie man es sich von ihr erwartet – dann etwa, wenn ein kleiner TV-Sender, der noch überwiegend im alten 4:3-Format ausstrahlt, eine Breitbildsendung mit den schwarzen Balken am oberen und unteren Bildschirmrand überträgt. Dann ist in jedem Fall die Formatumschaltung der TV-Gerätefernbedienung zu aktivieren.

2.8 Die S-Video-Buchsennorm

Die S-Video- ist auch als Y/C-, Mini-DIN- oder Hosidenbuchse bekannt. Sie überträgt das Videosignal aufgeteilt in Farb- und Helligkeitsinformationen. Damit wird eine bessere Qualität erreicht als über die Cinch-Videonorm. An die Wiedergabetreue von RGB kommt sie jedoch nicht heran. Beim Umgang mit dieser Steckernorm ist Vorsicht walten zu lassen, da sich die dünnen Kontaktstifte im Stecker leicht verbiegen können. Das kann zu Farbverlust, Bildstörungen oder auch zum Totalausfall des Videosignals führen.

Bild 2.8 S-Video-Buchsen sind in verschiedenen Sat-Receivern eingebaut, aber auch an Beamern zu finden. Im gezeigten Beispiel ist die S-Video-Buchse mit »SVHS« beschriftet.

Bevor der Hosidenstecker für S-Video standardisiert wurde, kamen verschiedene Normen zum Einsatz. So wurde das S-Video-Signal beim Commodore C64 über eine 8-polige DIN-Buchse ausgegeben. Heute kann das S-Video-Signal auch über die SCART-Buchse übertragen werden. Jedoch muss zum Beispiel der Fernseher, dem das S-Video-Signal über SCART zugespielt wird, auf diesen Modus umgeschaltet werden können. Bei den meisten Fernsehern mit zwei SCART-Buchsen können beide mit Composite Video gespeist werden, aber nur jeweils eine der beiden verarbeitet RGB bzw. S-Video. Wenn am Gerät nur eine SCART-Buchse vorhanden ist, nimmt diese meist RGB an, nicht aber S-Video.

S-Video-Buchsenbelegung

Pin	Signalart
1	Masse (Y)
2	Masse (C)
3	Luminanz-Signal (Y)
4	Chrominanz-Signal (C)

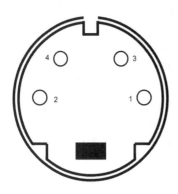

S-Video – Bedeutung gering

S-Video-Buchsen hatten im AV-Bereich während der S-VHS-Ära ihre Blütezeit, deshalb sind sie auch an betagten S-VHS-Videokameras zu finden. Häufig trifft man sie ebenfalls an Beamern an, da über sie ein besseres Bild als über die Cinch-Videobuchse übertragen wird. Allerdings wird sie bei aktuellen Beamern weitgehend vom HDMI-Standard verdrängt. Moderne Beamer sind inzwischen mit bis zu drei HDMI-Buchsen ausgestattet und bieten so ausreichend Spielraum zur Entgegennahme hochwertiger HDTV-Signale.

2.9   HDMI-Buchse

Die HDMI-Norm (High Definition Multimedia Interface) besitzt eine gewisse Verwandtschaft zum SCART-Standard. Beide erlauben die Übertragung von Video- und Audiosignalen in sehr guter Qualität. Während SCART ein analoger Standard ist, arbeitet HDMI ausschließlich digital, wodurch digitale Signale nicht zuerst über einen Analog-Digital-Wandler konvertiert werden müssen, um an analogen Buchsen bereitgestellt werden zu können.

Da dadurch die Umwandlungsverluste bei Bild und Ton wegfallen, sorgt HDMI für gestochen scharfe Bilder und einer Brillanz, die bislang von keinem anderen Buchsenstandard erreicht wird. HDMI ist bei HDTV-Übertragungen damit selbst dem analogen Komponentenausgang überlegen, der feine Details nicht so fein zeichnet wie die digitale Steckernorm.

HDMI fand erstmals bei HDTV-Receivern und hochauflösenden Flachbildfernse-
hern Verwendung. Sie ist die Premium-Verbindung, wenn es um die Übertragung von HDTV-Signalen geht. Inzwischen hält die Norm aber auch vermehrt
in anderen Geräten, wie DVD-Playern und -Rekordern oder auch Sat-Receivern,
die nur Programme in Standardauflösung empfangen, Einzug. Bei AV-Recei-
vern sind sie ebenfalls vermehrt anzutreffen.

Pin-Belegung des HDMI-Steckers

Pin	Signalart
1	TMDS Daten 2+
2	TMDS Daten 2 Schirmung
3	TMDS Daten 2-
4	TMDS Daten 1+
5	TMDS Daten 1 Schirmung
6	TMDS Daten 1-
7	TMDS Daten 0+
8	TMDS Daten 0 Schirmung
9	TMDS Takt 0-
10	TMDS Takt +
11	TMDS Takt Schirmung
12	TMDS Takt -
13	CEC
14	(belegt, aber nicht verwendet)
15	SCL
16	SDA
17	DDC/CED-Erdung
18	+5V-Spannung
19	Hot-Plug-Erkennung

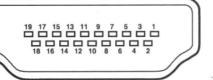

Vorteile des HDMI-Standards

Da TV-Inhalte derzeit weitgehend noch nicht hochauflösend sind, ist die HDMI-Buchse vor allem sinnvoll, wenn in den Geräten ein sogenannter Upscaler eingebaut ist. Er wandelt das Original-Standardfernsehbild mit seiner Auflösung von 720 x 576 sichtbaren Bildpunkten auf 1.920 x 1.080 Pixel um, was der vollen HDTV-Auflösung entspricht. Damit gewinnt man beispielsweise von der DVD zwar keine echten hochauflösenden Bilder, man wird aber erstaunt sein, was sich noch alles an Bildqualität aus dem bereits seit annähernd 60 Jahren genutzten TV-Standard herausholen lässt.

Sicherer Halt der Stecker

Zu den Vorteilen des HDMI-Standards zählt auch der sichere Halt der Stecker in den Buchsen. Damit treten SCART-typische Störungen, wie sie etwa durch ganz oder teilweise herausgerutschte Stecker hervorgerufen werden, nicht mehr auf. So bleibt der zuverlässige Betrieb, auch nachdem ein Gerät verrückt wurde, gewährleistet.

Überträgt Video- und Audiosignale über eine einzige digitale Schnittstelle

HDMI kann sowohl Video- als auch Audiosignale über eine einzige digitale Schnittstelle übertragen. Schon durch ihre verlustfreie Übertragung ist die HDMI-Schnittstelle ihrem analogen Vorläufer, dem bewährten SCART-Anschluss, weit überlegen. HDMI kann aber noch viel mehr. So tauschen die verbundenen Geräte auf diesem Weg Informationen darüber aus, in welchen Formaten die Bild- und Tonsignale vorliegen. Ein Fernsehgerät kann sich zum Beispiel so automatisch auf die bestmögliche Signalverarbeitung einstellen.

Transportiert auch Fernbedienungsbefehle

Ein weiterer Vorteil: Ein HDMI-Kabel transportiert auch Fernbedienungsbefehle. Zwei Übertragungsregeln mit den technischen Kürzeln CEC (Concumer Electronics Control) und AV.link machen es möglich. Viele Markenhersteller nutzen diese Fähigkeit für universelle Fernbedienungskonzepte. Danach genügt zum Beispiel eine einzige Infrarotfernbedienung, um alle Geräte gleichzeitig einzuschalten und zu steuern, die beispielsweise an der Wiedergabe einer Blu-ray-Disc beteiligt sind – vom Player über den Bildschirm bis hin zum Heimkinoreceiver.

Erweiterter Standard: HDMI 1.3

Zweimal hat die Industrie das Leistungsspektrum des HDMI-Standards bereits erweitert. Die jüngste Version der Digitalschnittstelle, HDMI 1.3 genannt, überträgt Bild und Ton in allen heute und in absehbarer Zukunft verwendeten Digital-formaten und Auflösungen. Dazu zählen auch die neuen verlustfreien Surround-Tonformate der Blu-ray-Disc, die bis zu acht Tonkanäle mit höchster Auflösung an eine entsprechend ausgerüstete Heimkinoanlage schicken.

HINWEIS!

WirelessHD

In den Labors führender Unternehmen der Consumer Electro-nics arbeiten die Ingenieure sogar schon an einem drahtlosen Pendant der HDMI-Schnittstelle. Das WirelessHD genannte Ge-meinschaftsprojekt soll ähnliche Leistungsmerkmale verwirkli-chen wie HDMI – nur ganz ohne Kabel. Künftige Camcorder-Generationen etwa werden ihre High-Definition-Aufnahmen dann einfach an den Bildschirm funken – ohne jede mechani-sche Verbindung und ohne lästige Kabel. Noch sind solche Lösungen Zukunftsmusik. Prototypen gibt es jedoch bereits.

2.10 HDMI und das digitale Rechte-Management

Während digitale Audiobuchsen seit vielen Jahren nichts Besonderes mehr sind, sträubte sich die Industrie lange Zeit gegen die Einführung einer digitalen Videobuchsennorm. Zu groß war die Angst vor unberechtigten Kopien von Fil-men in bester Bild- und Tonqualität. Dem trägt der HDMI-Standard Rechnung, indem er den sogenannten HDCP-Kopierschutz unterstützt.

Vereinfacht ausgedrückt, handelt es sich dabei um ein intelligentes System, das entsprechend der mit dem zu übertragenden Inhalt gekoppelten Berechtigung abklärt, ob die Weitergabe des Signals zulässig ist. HDCP-kopiergeschützte Sendungen lassen sich etwa zwischen einem Receiver und dem Fernseher nur übertragen, wenn beide den HDCP-Kopierschutzstandard unterstützen. Dabei erkennt der Receiver beispielsweise, dass er das HDTV-Signal an einen Flach-bildfernseher weitergibt. Da das TV-Gerät die Sendung nicht aufzeichnen kann, wird diese Signalweitergabe als unbedenklich eingestuft und zugelassen.

Würde dagegen ein Blu-ray-Rekorder erkannt, würde die Aufnahme gegebe-nenfalls unterbunden werden. Denkbar wäre auch die Wiedergabe in Stan-dard-TV-Auflösung, also nur mit 720 x 576 anstatt 1.920 x 1.080 Pixeln. In Extremfällen kann die Zuspielung an nicht berechtigte Geräte sogar vollkom-men unterbunden werden.

Von den HDCP-Kopierschutzeinschränkungen ist im Übrigen besonders der analoge Komponentenausgang betroffen. Da er keinen HDCP-Kopierschutz unterstützt, kann er derart gesicherte HD-Inhalte gar nicht oder nur in verminderter Auflösung wiedergeben.

2.11 Videoaufwärtskonvertierung

Die meisten Digitalreceiver sind nur für den Empfang von TV-Programmen in Standardauflösung vorgesehen. Sie geben die Signale auch mit der seit Jahrzehnten im Fernsehen genutzten Standardauflösung von 720 x 576 Bildpunkten an ihren analogen Ausgängen, wie etwa über SCART, Cinch-AV oder S-Video, wieder. Vermehrt werden DVD-Player und -Rekorder sowie Sat-Receiver auch mit digitalen HDMI-Buchsen ausgestattet. Sie sorgen in jedem Fall für eine verbesserte Bildwiedergabe, allerdings nur bei HD-ready- oder Full-HD-Fernsehern, da nur diese über einen HDMI-Eingang verfügen.

Wie bereits erwähnt, besitzen einige DVD-Rekorder, aber auch digitale Sat-Receiver und AV-Verstärker, einen sogenannten Upscaler. Dieser rechnet das ursprüngliche Videosignal, das bei uns aus 576 Zeilen besteht und im Halbbildverfahren (interlaced) übertragen wird, auf HDTV hoch. Die meisten Geräte generieren aus dem Original-720-x-576-Zeilen-Bild eines mit einer Auflösung von 1.920 x 1.080 Pixeln, wobei das Interlaced-Verfahren beibehalten wird. Man spricht auch von der Norm 1.080i, die von allen HD-ready-TVs verstanden wird.

Heimkino-AV-Receiver rechnen das ihnen zugespielte Signal, je nach Geräteausstattung, auch auf HDTV-720p hoch. Bei ihm besteht das hochauflösende Bild nur aus 1.280 x 720 Pixeln. Es werden aber stets Vollbilder übertragen (Progressive Scan). Sie sorgen für mehr Schärfe vor allem bei schnellen Bewegungen. Einige vorerst noch teure AV-Receiver wandeln das Standard-TV-Signal selbst bei voller HD-Auflösung in progressive Bilder um, womit die maximal erreichbare HDTV-Bildqualität ausgeschöpft wird.

> **HINWEIS!**
>
> **Auf Full-HD-Kennzeichnung achten**
>
> Allerdings vermögen nicht alle HDTV-Fernseher 1.080p-Signale zu verarbeiten. In der Regel sind sie entsprechend gekennzeichnet, dabei sollte man auf Full-HD-TVs achten.

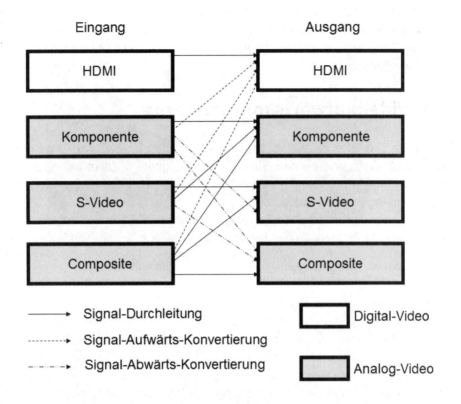

Bild 2.9 Die Grafik zeigt, in welchen Modi etwa ein AV-Heimkinoreceiver die Konvertierung von Video-signalen zulassen kann. Dieses Gerät wandelt zum Beispiel jedes beliebige Eingangssignal auf HDTV um und stellt es zudem an allen Ausgängen in der bei ihnen üblichen Norm bereit.

2.12 Ausgezeichnete Bildqualität

Wie sehr es sich lohnt, auf den Upscaler zu achten, zeigt sich, wenn man erst-mals hochskalierte Bilder am HD-Fernseher betrachtet. Hat man es nicht selbst gesehen, würde man es nicht für möglich halten, welch tolle Bildqualität über HDMI tatsächlich geboten werden kann. Echtes HDTV erreicht man damit zwar nicht, denn fehlende Bildinformationen lassen sich nicht einfach aus dem Hut zaubern. Dennoch wird man erstaunt sein, was sich alles aus unserem alten Fernsehstandard noch herausholen lässt. Wiesen werden detailreicher, Gesich-ter sind feiner gezeichnet, und Kanten werden schärfer abgebildet. Kurzum, über HDMI gewinnt das Bild, obwohl es seinen Ursprung in 576 Zeilen hat, ent-scheidend an Schärfe, Detailtreue und Plastizität.

Bild 2.10 Szene eines nicht in HD sendenden Programms in gewohnter Qualität. Die Zuspielung zum Fernseher erfolgt per SCART-Kabel.

Bild 2.11 Über HDMI erhält das TV-Gerät ein hochskaliertes Bild. Es ist sichtbar knackiger, erfreut sich natürlicherer Farben und auch einer gesteigerten Schärfe.

Sofern man einen DVD-Rekorder oder AV-Receiver mit HDMI-Buchsen und integriertem Upscaler einsetzt, können alle an sie angeschlossenen Signalquellen davon profitieren. Die Kombination erlaubt nicht nur, DVDs oder auf Festplatte aufgezeichnete Sendungen in verbesserter Bildqualität zu genießen. Die beispielsweise über SCART am DVD-Rekorder angeschlossenen Sat- oder DVB-T-Receiver werden durchgeschleift und ebenfalls mit hochgerechnetem Bild an der HDMI-Buchse ausgegeben.

Bild 2.12 Wir haben in die Szene hineingezoomt. Achten Sie auf das kleinere Schild unter »Heaven's Gate«. Via SCART lässt es sich nicht entziffern.

Bild 2.13 Erst über HDMI wird die kleinere Schrift lesbar. In Standardauflösung wären »Hofverkauf & Tierpension« nicht erkennbar gewesen. Damit zeigt sich anschaulich, dass selbst hochskalierte Bilder eines in Standardauflösung sendenden Programms deutlich an Schärfe gewinnen können. Im echten HDTV wären die Bilder noch schärfer.

Damit werden sämtliche Live-TV-Programme in bislang nicht gekannter Schärfe am HD-ready-Fernseher ausgegeben, als das über SCART möglich wäre. Sat-TV gewinnt dadurch eine neue Dimension in Sachen Bildqualität. Besonders die Sender, die ihr Standard-TV-Signal mit hoher Datenrate ausstrahlen, profitieren von der Hochskalierung. Über den DVD-Rekorder lassen sich auf diese Weise auch alte VHS-Bänder wiedergeben. Auch dabei wird man erstaunt sein, wie gut VHS doch sein kann.

2.13 Verkabelung mit HDMI

Erst seit einiger Zeit werden LCD- oder Plasmafernseher mit mehreren HDMI-Buchsen ausgeliefert. Sie sind auch dringend erforderlich, da die Anzahl der Geräte mit HDMI-Ausgang schnell im Wachsen begriffen ist. Noch vor Kurzem war der HDMI-Eingang am Fernseher zum Anschluss einer HDTV-Box vorgesehen. Soll dazu ein DVD-Player oder -Rekorder, die ebenfalls vermehrt mit HDMI ausgestattet sind, oder gar ein Blu-ray-Player angeschlossen werden, sind ältere HD-Fernseher überfordert. Dabei haben wir noch nicht einmal Spielekonsolen mit HD-Auflösung und HDTV-Camcorder berücksichtigt.

Das erste Verkabelungsbeispiel zeigt, wie zwei Digitalreceiver sowie ein DVD-Rekorder mit HDMI-Ausgang am TV angeschlossen werden. Dabei handelt es sich auf den ersten Blick um eine übliche Standardverdrahtung, bei der beide Receiver über je eine SCART-Leitung direkt am TV-Gerät angeschlossen sind. Zwei weitere SCART-Leitungen kommen zur Signalzuführung an den DVD-Rekorder zum Einsatz, wobei hier die AV1-Buchse für den Anschluss des Sat-Receivers Verwendung findet.

Bei üblichen Verkabelungen würde hier das zum Fernseher abgehende Kabel angesteckt sein. Die DVB-T-Box ist am zweiten SCART-Eingang des Rekorders angedockt. Mit dieser Verkabelung kann man von jedem Receiver aufzeichnen, während man mit dem anderen stets uneingeschränkt beliebige Programme live anschauen kann.

Der DVD-Rekorder ist ausschließlich per HDMI am TV angeschlossen. Damit liefert er zuerst einmal eine bessere Bildqualität, als er über seine SCART-Ausgänge bereitstellen könnte. Hat er zudem einen Upscaler eingebaut, der das Fernsehsignal auf HDTV-Auflösung hochrechnet, gewinnt das Signal zudem an Schärfe – was den HD-Fernseher besonders freut. Damit profitieren nicht nur selbst aufgenommene Filme und Kauf-DVDs von der verbesserten Bildwiedergabe.

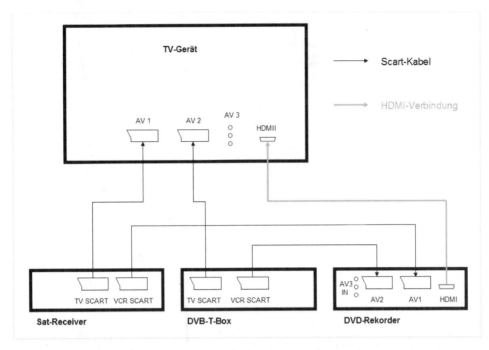

Bild 2.14 Bei diesem Verdrahtungsbeispiel ist der DVD-Rekorder ausschließlich per HDMI am Flachbild-TV angeschlossen. Über ihn lassen sich auch Satellitenfernsehen und DVB-T in verbesserter Bildqualität genießen.

Da über den Rekorder auch die Signale der an ihm angeschlossenen Receiver durchgeschleift werden und genauso vom Upscaler profitieren, zeigen auch sie sich mit gesteigerter Farbtreue, mehr Plastizität und höherer Schärfe. Um alle Signalquellen mit bestem Bild zu sehen, ist am TV-Gerät der HDMI-Eingang aus-zuwählen, über den man den DVD-Rekorder sieht.

Möchte man Sat-TV mit hochgerechneten Bildern genießen, ist der Fernseher ebenfalls auf HDMI zu schalten. Weiter ist der DVD-Rekorder einzuschalten und sein AV1-Eingang auszuwählen. Für den zweiten Receiver wäre er auf AV2 zu schalten.

2.14 Verkabelung mit HDTV-Sat-Receiver

HDTV-Sat-Receiver geben hochauflösendes Bildmaterial nur über die HDMI-Buchse und eingeschränkt auch über den Komponentenausgang aus. Obwohl sie auch SCART-Buchsen an Bord haben, ist es nicht sinnvoll, sie nur über diese an den LCD- oder Plasmafernseher anzuschließen, da dadurch alle Sender, auch jene mit hoher Auflösung, nur in Standardqualität zu sehen wären.

Bild 2.15   Vielfältige Anschlussmöglichkeiten beim HDTV-Sat-Receiver TechniSat DigiCorder HD S2.

In unserem Beispiel gehen wir davon aus, dass neben dem HDTV-Sat-Receiver auch eine DVB-T-Box sowie ein DVD-Rekorder mit HDMI-Buchse vorhanden sind. Um beide »HDMI-Geräte« in ihrer vollen Leistungsfähigkeit nutzen zu können, müssen am Fernseher zwei HDMI-Eingänge vorhanden sein.

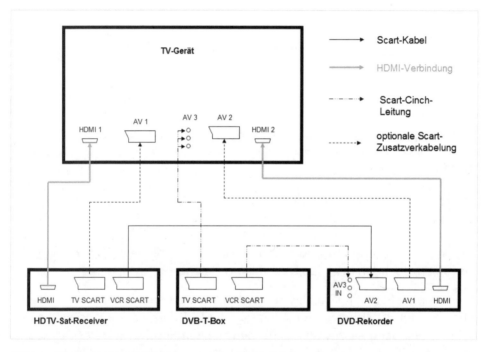

Bild 2.16   Alle Geräte mit HDMI-Ausgängen sind per HDMI-Kabel an den Fernseher anzuschließen. Aufnahmen können nur in Standardauflösung via SCART bewerkstelligt werden. Als Zweitweg kommt für die HD-Box und den DVD-Rekorder eine SCART-Anbindung an das TV-Gerät infrage.

An HDMI1 wird der HD-Receiver, an HDMI2 der DVD-Rekorder angeschlossen. Für die DVB-T-Box sehen wir den Cinch-AV-Eingang AV3 vor. Dieser bietet zwar eine etwas schlechtere Bildqualität als die SCART-Buchsen, was aber bei der ohnehin nicht überwältigenden Performance von DVB-T weiter nicht ins Gewicht fallen dürfte. Zum Satellitenfernsehen ist am TV HDMI1, für den DVD-Rekorder HDMI2 auszuwählen. DVB-T kommt über AV3.

Der HDTV-Receiver wird per SCART mit dem AV2-Eingang des DVD-Rekorders verbunden, womit das Aufzeichnen aller Programme möglich wird, allerdings nur in Standardauflösung. Schneidet man einen HDTV-Kanal mit, geht dessen überragende Schärfe verloren. Für Abhilfe kann hier nur ein HDTV-Festplattenreceiver sorgen, der HD-Inhalte in Originalqualität auf Harddisk speichert. Allerdings ist diese nicht für dauerhafte Archivierungen, sondern nur zum zeitversetzten Fernsehen gedacht. Möchte man eine HD-Sendung dauerhaft behalten, lässt sie sich zwar nachträglich auf DVD überspielen, jedoch wieder nur in Standardqualität.

Zum Andocken der DVB-T-Box sehen wir ein SCART-Cinch-Adapterkabel vor und nutzen am DVD-Rekorder den Cinch-AV-Eingang. Da man wohl nur in seltenen Fällen von DVB-T aufzeichnen wird, ist der geringfügige Qualitätsverlust im Vergleich zu SCART zu vernachlässigen.

Die beiden TV-SCART-Buchsen am HDTV-Receiver und dem DVD-Rekorder sind in dieser Anlagenausbaustufe noch frei, ebenso die am Fernseher. Über sie werden beide Geräte über einen Zweitweg am TV angeschlossen, wobei die AV1-SCART-Buchse für den HD-Receiver, der AV2-Eingang für den Rekorder vorgesehen ist.

Dieser Zweitweg bietet sich an, wenn die automatisch arbeitende Bildformateinstellung nicht den Wünschen entsprechend arbeitet und etwa bei einzelnen Sendungen für verzerrte Bilder oder schwarze Balken an allen vier Seiten sorgt. Diese »Mängel« lassen sich im HDMI-Modus nämlich nicht ändern. Die Bildformatumschaltung ist während der HDTV-Wiedergabe außer Funktion. Teilweise behelfen kann man sich, indem man die betroffenen Sendungen über SCART anschaut. Dabei muss man zwar auf die extrascharfe Wiedergabe verzichten, dafür kann man sich aber der formatrichtigen und bildschirmfüllenden Wiedergabe erfreuen.

2.15 HD-Receiver, Blu-ray und mehr

Nachdem der Formatkampf um den hochauflösenden DVD-Nachfolger für Blu-ray entschieden wurde, ist die Zurückhaltung der potenziellen Kunden gewichen. Außerdem werden die Player immer preiswerter. Hat man bereits einen HD-Fernseher zu Hause, kann der Blu-ray-Player für atemberaubende Kinoabende in den eigenen vier Wänden sorgen. Dazu muss er aber erst neben dem bereits angeschlossenen HD-Receiver und DVD-Rekorder via HDMI am Fernseher Platz finden. Dazu sind TV-Geräte mit drei HDMI-Buchsen erforderlich.

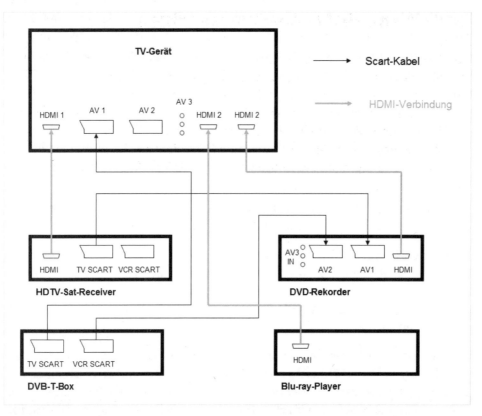

Bild 2.17 Jedes HDTV-Wiedergabemedium ist per separater HDMI-Leitung an den Fernseher anzuschließen.

Damit sind je eine HDMI-Leitung vom HD-Receiver, dem Blu-ray-Player und dem DVD-Rekorder erforderlich. Dabei stellt sich die Frage, ob die HDMI-Anbindung des DVD-Rekorders nicht entbehrlich sei, da Blu-ray-Player auch DVDs abspielen und diese ebenfalls auf HD hochgerechnet ausgeben. Sofern man den DVD-Rekorder aber auch nutzt, um über ihn die Bildqualität diverser an ihm angeschlossener AV-Signalquellen, wie etwa einer DVB-T-Box oder sogar eines alten VHS-Rekorders, per HDMI zu verbessern, hat er nach wie vor seine Berechtigung. Dazu ist der Blu-ray-Player nämlich nicht in der Lage, da er, anders als der DVD-Rekorder, ein reines Wiedergabemedium ohne AV-Eingänge ist.

Zuletzt ist daran zu denken, dass kaum noch DVD-Rekorder ohne eingebaute Festplatte verkauft werden. Auf Harddisk mitgeschnittene Sendungen lassen sich ebenfalls nur über den DVD-Rekorder wiedergeben.

2.16 Wenn HDMI-Anschlüsse fehlen

Der HDMI-Standard gewinnt schnell an Bedeutung, was auch dazu beiträgt, dass zahlreiche Geräte mit HDMI-Ausgängen ausgestattet werden. Wegen der von ihnen bereitgestellten sehr guten Bild- und Tonqualität ist der Wunsch groß, sie alle am TV anzuschließen. Was jedoch tun, wenn das Gerät mitunter nur mit einem einzigen HDMI-Eingang ausgestattet ist? Sollen HD-Receiver, DVD-Rekorder, Blu-ray-Player und vielleicht auch eine HD-Videokamera am hochauflösenden Fernseher angeschlossen werden, kann eine HDMI-Umschaltbox für Abhilfe sorgen.

Bild 2.18 Automatische HDMI-Umschaltbox mit vier Eingängen (Foto: Vivanco).

Einfache Modelle mit zwei Eingängen und manueller Umschaltung gibt es inzwischen schon für wenig Geld. Selbst größere, fernsteuerbare Umschaltboxen mit bis zu vier Eingängen sind bezahlbar geworden. Sie erlauben zum Beispiel das Anschließen aller aufgezählten Geräte an den LCD- oder Plasma-TV.

Daraus ergeben sich auch keine Nachteile im Bedienungsumfang, da ja stets nur ein TV-Bild am Fernseher wiedergegeben werden kann. Dabei ist es im Grunde egal, ob man nun am TV zwischen den einzelnen HDMI-Eingängen umschaltet oder dies mit einer separaten Fernbedienung über eine Beistellbox bewerkstelligt. Ist eine HDMI-Umschaltbox am TV angeschlossen, braucht dieser nur auf den HDMI-Eingang geschaltet zu werden, auf dem er die Signale aller HD-Geräte wiedergibt – je nachdem, welches gerade über den Switch zu ihm durchgeschaltet wird.

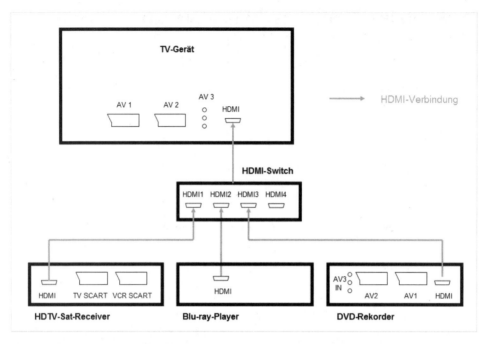

Bild 2.19 HDMI-Verkabelungsbeispiel für den Fall, dass drei Geräte per HDMI über einen HDMI-Switch an einen Fernseher angeschlossen werden sollen, der nur einen HDMI-Eingang eingebaut hat.

2.17 Upscaler bei der Verkabelung berücksichtigen

Verschiedene DVD-Rekorder sind bereits mit einem HDMI-Ausgang ausgestattet. Teilweise verfügen sie auch über einen Upscaler, der das Standard-TV-Bild auf bis zu 1.920 x 1.080 Pixel hochrechnet. Aufgrund der von allen, die es noch nicht mit eigenen Augen gesehen haben, in keiner Weise erwarteten Verbesserung der Bildqualität empfiehlt es sich, alle Signalquellen über einen derart ausgestatteten DVD-Rekorder laufen zu lassen: also zum Beispiel den Sat- und DVB-T-Receiver sowie den VHS-Rekorder und auch die Videokamera. Der Upscaler ist nämlich jederzeit aktiv und rechnet die TV-Signale auch dann hoch, wenn sie nicht aufgezeichnet werden.

Sofern ein DVD-Rekorder einen Upscaler eingebaut hat, ist er eine preiswerte Alternative zu Upscalern, die es auch als gesonderte Geräte ab rund 1.500 Euro gibt. Außerdem bieten die zahlreichen AV-Eingänge der DVD-Rekorder Vorteile. Davon ausgehend, dass das Gerät per HDMI und als Zweitweg via SCART mit dem Fernseher verbunden ist, stehen noch die zweite SCART-Buchse sowie der rückwärtige Cinch-AV-Eingang bereit.

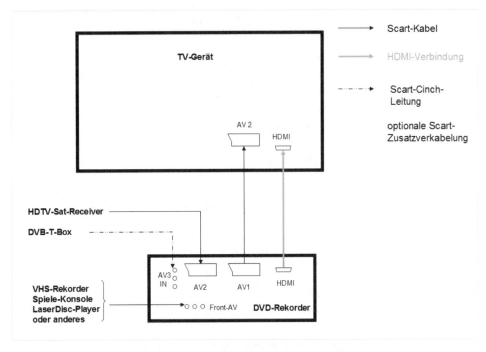

Bild 2.20   Die einfache Grafik zeigt, wie man diverse AV-Quellen, die systembedingt nur Standardbild-qualität zu liefern in der Lage sind, über einen DVD-Rekorder mit eingebauten Upscaler in verbesserter Qualität am HD-Fernseher anschauen kann.

Weiterhin bietet sich der bei vielen Rekordern ebenfalls eingebaute frontseitige AV-Eingang an, der zum Anschluss einer Videokamera gedacht ist. Wird an ihm dauerhaft eine Signalquelle angeschlossen, muss man sich meist erst daran gewöhnen, dass nun die Frontklappe des DVD-Rekorders geöffnet bleiben muss und auch Kabel an der Gerätefront zu sehen sind.

Die Handhabung ist denkbar einfach. Jedem AV-Eingang ist ein separater AV-Programmplatz, zum Beispiel AV1 bis AV4, zugeordnet. Je nachdem, ob man beispielsweise die Programme des Sat-Receivers, der DVB-T- oder der digitalen Kabelbox hochskaliert am HD-Fernseher genießen möchte, ist am DVD-Rekor-der der entsprechende AV-Eingang auszuwählen. Am TV-Gerät stehen alle Inhalte, die über den HDMI-Anschluss des DVD-Rekorders zu ihm weitergeleitet werden, in verbesserter Bildqualität bereit.

2.18 DVI-Buchsennorm

Sie kommt aus dem PC-Bereich, ist aber vereinzelt auch in HD-ready-Fernsehern zu finden, wobei sie die Funktion der HDMI-Schnittstelle übernimmt. Anders als HDMI überträgt sie jedoch nur Videosignale. Je nach Buchsenvariante stehen diese nicht nur digital, sondern auch analog bereit. Ob der DVI-Eingang eines TV-Geräts tatsächlich für den uneingeschränkten Empfang hochauflösender Programme geeignet ist, hängt davon ab, ob er auch den HDCP-Kopierschutz unterstützt. Der ist nämlich nicht zwingend bei DVI vorgeschrieben. Dann jedoch trägt der Fernseher auch kein HD-ready-Logo.

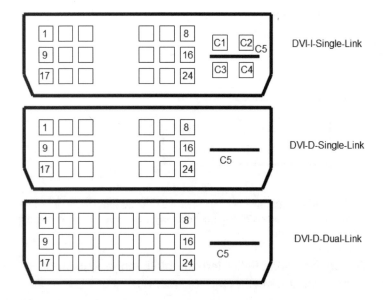

Bild 2.21 Verschiedene DVI-Ausführungsvarianten.

Eine DVI-Buchse begegnet uns nur bei schon etwas älteren oder sehr preiswerten aktuellen HD-ready-TVs. Meist sind es Geräte mit kleineren Bildschirmdiagonalen. Da sie zudem nur einen digitalen HDTV-Eingang eingebaut haben, erfüllen sie angesichts der steigenden Zahl von Receivern, Playern etc. mit eingebautem HDMI-Ausgang nur Minimalanforderungen.

DVI-Buchsenbelegung

Pin	Signalart
1	TMDS Daten 2-
2	TMDS Daten 2+

DVI-Buchsenbelegung

Pin	Signalart
3	TMDS Daten 2/4 Abschirmung
4	TMDS Daten 4-
5	TMDS Daten 4+
6	DDC Takt
7	DDC Daten
8	Analog V-Sync
9	TMDS Daten 1-
10	TMDS Daten 1+
11	TMDS Daten 1/3 Abschirmung
12	TMDS Daten 3-
13	TMDS Daten 3+
14	+5 V
15	Masse für +5 V und analog H/V-Sync
16	Hot Plug Detect
17	TMDS Daten 0-
18	TMDS Daten 0+
19	TMDS Daten 0/5 Abschirmung
20	TMDS Daten 5-
21	TMDS Daten 5+
22	TMDS Takt Abschirmung
23	TMDS Takt +
24	TMDS Takt -
C1	Analog Rot Video
C2	Analog Grün Video
C3	Analog Blau Video
C4	Analog H-Sync
C5	Masse für RGB

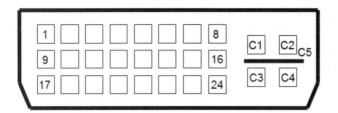

2.19 Verwechslungsgefahr beim Anschluss

Da die DVI-Norm nur Videosignale überträgt, haben HD-ready-Fernseher, die mit einer solchen Buchse ausgestattet sind, einen zusätzlichen Audioeingang an Bord, der der DVI-Buchse direkt zugeordnet ist. Er kann als Stereo-Cinch- oder -Klinkenbuchse ausgeführt sein. Da er nicht in unmittelbarer Nähe des DVI-Eingangs eingebaut sein muss, ist er mitunter gar nicht so leicht zu identifizieren. Hier besteht Verwechslungsgefahr mit den Audiobuchsen des Cinch-AV-Eingangs, der am Fernseher gesondert anzusteuern ist.

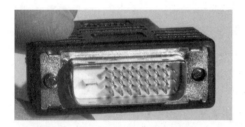

Bild 2.22   DVI-Stecker übertragen ausschließlich Videosignale.

An HDTV-Receivern, Blu-ray- und entsprechend ausgestatteten DVD-Geräten sind jedoch ausschließlich HDMI-Ausgänge zu finden, die Bild und Ton digital zum Fernseher übertragen. Um sie dennoch an den DVI-Eingang anschließen zu können, benötigt man Adapter, die in verschiedenen Ausführungen im Fachhandel angeboten werden.

Bild 2.23   DVI-HDMI-Adapterstecker haben in ihrer Gehäuserückseite eine HDMI-Buchse eingebaut.

Am komfortabelsten sind DVI-Adapterstecker, die an ihrer Rückseite eine HDMI-Buchse eingebaut haben. Sie sind einfach in die DVI-Buchse des TV-Geräts zu stecken. Die Verbindung zur anzuschließenden Signalquelle wird per handelsüblichem HDMI-Kabel bewerkstelligt. Alternativ bieten sich auch DVI-HDMI-Adapterkabel an, die an einer Seite einen DVI-, an der anderen einen HDMI-Stecker angelötet haben.

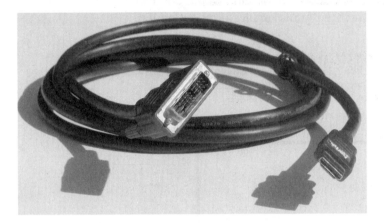

Bild 2.24 Alternativ dazu bieten sich auch DVI-HDMI-Adapterkabel an.

Wird auf diese Weise etwa ein HDTV-Receiver angeschlossen, hat man am Fernseher zumindest einmal das extrascharfe Bild. Der Ton dazu fehlt jedoch. Denn: Da DVI eine reine Videonorm ist, werden über sie keine Audiosignale weitergeleitet – womit die digitalen Toninformationen, die von der HDMI-Seite der Adapter entgegengenommen werden, in ihm ins Leere laufen. Das Audiosignal ist über eine gesonderte Leitung zuzuführen. Hierzu kommt lediglich der analoge Cinch-Audioausgang des Receivers infrage.

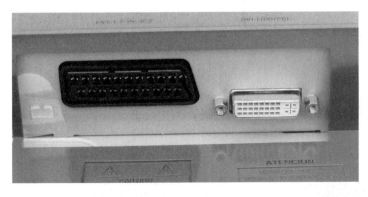

Bild 2.25 Anschlussfeld eines einfachen HD-ready-TVs. Neben nur einer SCART-Buchse findet sich ein DVI-Eingang, über den HDTV-Signale entgegengenommen werden.

Sofern am Fernseher der DVI-Audioeingang ebenfalls in Cinch-Norm ausgeführt ist, kann man dazu ein herkömmliches Cinch-Audiokabel nutzen. Wird der Ton nur per Klinkenbuchse angenommen, ist ein entsprechendes Adapterkabel oder ein Adapterstecker erforderlich. Es gibt sie als Klinkenstecker, die in der Gehäuserückseite zwei Cinch-Buchsen, je eine weiße und rote für den linken und rechten Audiokanal, eingebaut haben.

Bild 2.26 Im seitlichen Anschlussfeld findet sich auch die in Klinkennorm ausgeführte DVI-Audiobuchse.

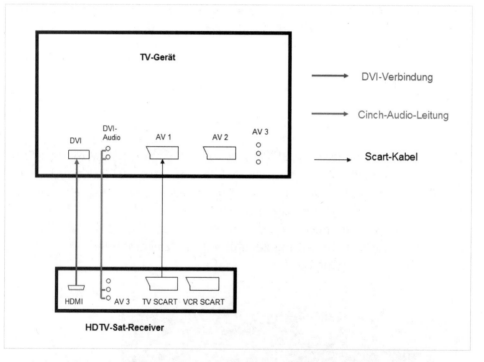

Bild 2.27 Verfügt der Fernseher nur über einen DVI-Eingang, ist neben der DVI-HDMI-Leitung, die nur das Bild überträgt, eine separate Audioleitung zu verlegen. Über sie wird, anders als bei HDMI, der Ton analog übertragen. Optional kann auch eine SCART-Verbindung zum TV-Gerät geschaffen werden.

2.20 Analoger Komponenteneingang via DVI

In den HD-ready-Spezifikationen, die jedes HD-ready-TV-Gerät einzuhalten hat, ist auch ein analoger Komponenteneingang, der ebenfalls HDTV-Signale, jedoch ohne Berücksichtigung des HDCP-Kopierschutzes, überträgt, vorgeschrieben. Bei LCD-Fernsehern mit DVI-Buchse scheint man den analogen Komponenteneingang, der üblicherweise an der roten, grünen und blauen Cinch-Buchse zu erkennen ist, jedoch zu vermissen.

In diesen Fällen ist auch er über den DVI-Eingang realisiert. Neben zahlreichen Pins zur digitalen Datenübertragung sind auch einige für analoge Videosignale vorgesehen, die das Komponentensignal entgegennehmen. Damit hat man keine Chance, an solche Fernseher je eine HDTV-Signalquelle per HDMI/DVI und Komponenteneingang anzuschließen. Wird ein analoges Komponentensignal per DVI-Buchse zugespielt, benötigt man zudem den »DVI-Audioeingang«, womit auch hier eine separate Tonleitung zu verlegen ist.

Bild 2.28 Analoge HDTV-Komponentensignale werden über ein Komponenten-DVI-Adapterkabel zugespielt.

3 Heimkinosysteme für den guten Ton

Bislang haben wir uns damit beschäftigt, wie man die verschiedenen AV-Komponenten an den LCD- oder Plasmafernseher anschließen kann. Moderne TV-Geräte mit Bilddiagonalen von zum Teil deutlich über einem Meter sorgen für erstklassige Bildwiedergabe, vor allem bei HDTV-Inhalten. Was da noch fehlt, ist der gute Ton. Den gibt es über die Stereoanlage oder, noch viel besser, per Heimkinosystem. Dieses besteht mindestens aus einem raumklangtauglichen Verstärker und zahlreichen Lautsprechern. Am komfortabelsten erledigen diese Aufgabe AV-Receiver. Bei ihnen handelt es sich um Verstärker der Hi-Fi-Anlage, die meist auch ein UKW-Radio eingebaut haben. Ihnen ist es zu verdanken, dass man bei dem Gerät von einem Receiver und nicht nur von einem Verstärker spricht.

Außerdem wurden diese Geräte um die Videokomponente erweitert. An sie ist deshalb nicht mehr nur das Kassettendeck oder etwa der CD-Player anzuschließen. An ihren Rückseiten finden sich Eingänge für den DVD-Rekorder, Blu-ray-Player sowie auch für mehrere Digitalreceiver. Neben dem klassischen analogen Cinch-Stereoaudioeingang verfügen sie zumindest über entsprechende Cinch-Videobuchsen, womit stets vollwertige AV-Ein- und -Ausgänge vorhanden sind.

Bild 3.1 Die Rückseite moderner AV-Receiver, im Bild der RX-V3800 von Yamaha, ist mit unzähligen Buchsen und Klemmen bestückt (Bild: Yamaha).

Ab der Mittelklasse aktueller AV-Receiver darf man zudem auch mit höherwertigen Videoeingängen rechnen. Bei ihnen zählen analoge Komponenten- und S-Video-Buchsen ebenso zum Ausstattungsumfang wie bis zu mehrere HDMI-Buchsen. Weiter dürfen auch analoge und digitale Audiobuchsen, meist wird die optische Digitalaudionorm (Toslink) unterstützt, nicht fehlen.

Je nach Funktionsumfang des AV-Receivers werden von ihm verschiedene Raumklangsysteme beherrscht. Neben Dolby 5.1 kann das auch Dolby 7.1 oder auch THX sein. Je nachdem, welche Raumklangsysteme unterstützt werden, finden sich unterschiedlich viele Lautsprecheranschlüsse. Für eine Dolby-7.1-Anlage werden beispielsweise acht Boxen benötigt.

Der AV-Receiver kümmert sich nicht nur um den guten Ton, sondern auch um die korrekte Weitergabe des Bildes. Er ist die Schaltzentrale der gesamten AV-Anlage, die etwa Sat-Receiver, DVB-T-Box, DVD-Rekorder, Blu-ray-Player und weitere Komponenten verwaltet. Dies wird auch durch die Videoausgänge unterstrichen, an die zum Beispiel ein LCD- oder Plasma-TV und ein Beamer angeschlossen werden können.

Die Rückseite moderner AV-Receiver ist mit unzähligen Buchsen und Klemmen bestückt. Einem typischen AV-Eingang, etwa für einen Sat-Receiver, können Cinch-AV- und Digitalaudiobuchsen sowie je ein Komponenten-, S-Video- und HDMI-Eingang zugeordnet sein. Lediglich die SCART-Norm sucht man vergebens.

Welche Verbindungen zur oder über die Hi-Fi-Anlage zu bewerkstelligen sind, wird im hohen Maße von deren technischen Möglichkeiten, aber auch von den individuellen Wünschen bestimmt. Auf sie wollen wir im Folgenden etwas genauer eingehen.

3.1 Audioverkabelung

Man kann davon ausgehen, dass die im Fernseher eingebauten Lautsprecher nur Minimalanforderungen erfüllen. Sofern eine gute Hi-Fi-Anlage vorhanden ist, sorgt diese für eine weitaus bessere Tonwiedergabe. Sie ergibt sich zum Beispiel durch die größeren Lautsprecher, aber auch durch deren Aufstellung. Selbst bei nur zwei Boxen, so wie sie für althergebrachte Stereowiedergabe zum Einsatz kommen, ist ein weitaus besserer Sound zu erwarten. Dafür sorgen die räumlich weiter voneinander entfernten Aufstellungsorte der Boxen.

Im Vergleich dazu sind die im TV eingebauten sehr nahe beieinander platziert, wodurch dem Stereoempfinden enge Grenzen gesetzt sind. Lässt der Verstärker nur den analogen Anschluss von DVD-Rekorder, Sat-Receiver und Co. per analoger Audioleitung zu, kann man sich zumindest einer verbesserten Stereowiedergabe erfreuen. Außerdem bietet sich diese Variante an, um Sat-Radio zu hören, ohne dazu den Fernseher einschalten zu müssen. Dolby-Raumklang gibt es über die analoge Audioverkabelung jedoch nicht.

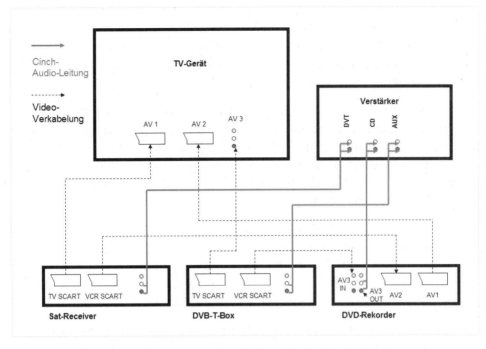

Bild 3.2 Selbst ältere Audioverstärker lassen die Anbindung der einzelnen AV-Komponenten, wie Sat-Receiver oder DVD-Player, zu.

1. Von jedem AV-Gerät ist von dessen Audio-Cinch-Buchsen eine Stereolei-tung zu je einem freien Eingang am Verstärker herzustellen. Sind diese schon weitgehend belegt, ist zu hinterfragen, ob man überhaupt noch alle Audiogeräte benötigt. Zum Abspielen von CDs braucht man heutzutage keinen CD-Player mehr. Seine Aufgabe wird vom DVD-Player/-Rekorder übernommen. Der Sat-Receiver findet beispielsweise am Aux-Eingang Platz.

2. Da es sich bei der Audioverkabelung nur um eine optionale Zusatzverkabe-lung handelt, ist diese zusätzlich zu den einzelnen Videoleitungen, etwa zwischen Receiver, Videorekorder und Fernseher, zu verlegen.

3. Um in den Genuss von Dolby 5.1 zu kommen, so wie er bei vielen TV-Sen-dungen, aber auch von Kauf-DVDs angeboten wird, ist ein Verstärker mit Raumklangunterstützung erforderlich. Diese ist bei allen gängigen AV-Recei-vern bereits gegeben. Da Mehrkanalraumklang nur per digitaler Audio-leitung weitergegeben wird, sind beispielsweise der digitale Satelliten-, Kabel- oder DVB-T-Receiver sowie das DVD-Gerät per digitaler Audiover-kabelung an den Verstärker anzuschließen.

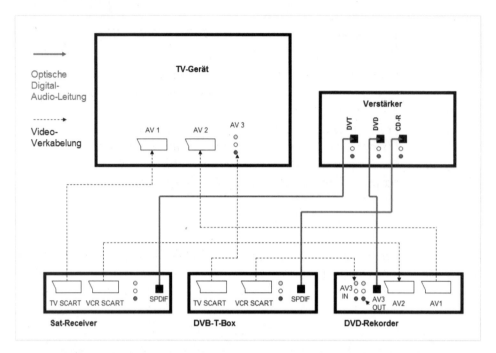

Bild 3.3 Werden die verschiedenen AV-Geräte per Digitalaudioleitung an den Verstärker angeschlossen, werden keine analogen Audiokabel mehr benötigt. Die digitalen Verbindungen öffnen auch das Tor zu Dolby 5.1 und anderen Raumklangsystemen.

Des Weiteren kommen zwei digitale Audioübertragungsnormen zum Einsatz: Die größte Verbreitung genießt das optische Toslink-System, bei dem das digitale Audio per Glasfaserleitung übertragen wird. Optische Audiobuchsen finden sich bei beinahe allen gängigen Digitalreceivern sowie DVD-Geräten und natürlich AV-Receivern. Vereinzelt sind diese Geräte alternativ oder zusätzlich auch mit koaxialen Digitalaudiobuchsen ausgestattet. Weisen etwa die DVB-T-Box und der Hi-Fi-Verstärker unterschiedliche Digitalaudiobuchsenstandards auf, kann man sich sogenannter Digitalkonverter bedienen. Diese werden von verschiedenen Firmen ab rund 20 Euro angeboten. Je nach Modell wandeln sie ein elektrisches (koaxiales) Digitalaudio in ein optisches oder umgekehrt um.

Da über die digitale Audioverkabelung sämtliche Toninformationen übertragen werden, ersetzt sie die analogen Cinch-Audioleitungen. Würde sie trotz zusätzlicher digitaler Verkabelung beibehalten, würde der Verstärker dennoch auf den höherwertigen digitalen Übertragungsweg schalten, womit die Cinch-Kabel vollkommen überflüssig werden.

Videoverkabelung

Werden diverse Digitalreceiver, DVD-Geräte und auch der Blu-ray-Player per Digitalaudiokabel an den Verstärker angeschlossen, ersetzen sie nicht die Videoverkabelung. Sie ist hier in gewohnter Manier zwischen den einzelnen Komponenten wie bereits behandelt zu verlegen. Es werden auch Audiosignale übertragen, deshalb kann man getrost, auch ohne den Verstärker einzuschalten, TV-Inhalte beliebiger Quellen anschauen oder aufzeichnen.

Per Digitalaudioleitung können übrigens nur digitale Signalquellen an den Verstärker angeschlossen werden. Analoge Geräte, wie etwa der alte VHS-Rekorder oder analoge Sat-Receiver, haben keine Digitaltonbuchsen eingebaut. Sie sind daher ausschließlich per Cinch-Kabel anzuschließen.

3.2 Anschlussdoppelbelegung am Verstärker

Obwohl die rückwärtigen Buchsenfelder moderner AV-Verstärker schier unerschöpfliche Anschlussmöglichkeiten vermuten lassen, sind sie doch auf relativ wenige beschränkt – und zwar weil zu jedem Ein- und Ausgang parallel mehrere Buchsenstandards angeboten werden. Priorität beim Anschließen genießen moderne digitale Geräte. Sie lassen mitunter keinen Platz mehr, um zum Beispiel auch den alten VHS-Rekorder anzudocken. Handelt es sich bei ihm um ein Hi-Fi-Gerät mit Ton-Schrägspuraufzeichnung, liefert auch er ein hervorragendes Audio, das sich über die Lautsprecheranlage sehr gut machen würde.

Freie analoge Cinch-Audioeingänge nutzen

Sind Digitalreceiver und der DVD-Rekorder bereits per optischer Toslink-Leitung mit dem Verstärker verbunden, sind an ihm die zugehörigen analogen Cinch-Audioeingänge weiterhin frei. Sie bieten sich an, um weitere Geräte, wie eben unseren Hi-Fi-Videorekorder, aufzunehmen. Allerdings eignet sich dazu nicht jeder Eingang am Verstärker. Es muss eine Gerätekombination gefunden werden, die nicht gleichzeitig genutzt wird.

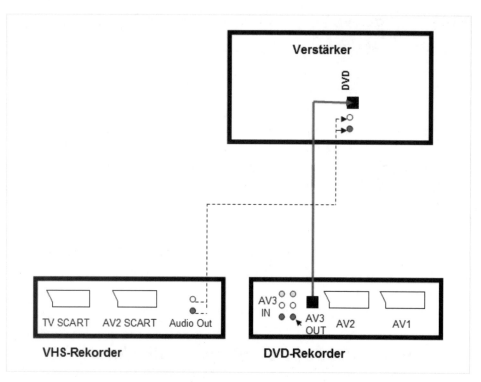

Bild 3.4 Moderne Verstärker sind mit analogen und digitalen Audioeingängen ausgestattet. Sie erlauben auch, zwei unterschiedliche Geräte an einem Eingang anzuschließen. Diese können aber nicht zeitgleich genutzt werden.

HINWEIS!

Akustisches Pumpen

Obwohl AV-Receiver durchaus dem digitalen Toneingang den Vorzug geben, kann es bei einigen Geräten zu akustischem »Pumpen« oder fortwährenden kurzen Aussetzern kommen, wenn zugleich auch ein anderes Analogsignal zugespielt wird. Dies könnte etwa geschehen, wenn sich die VHS-Maschine und der Sat-Receiver einen Eingang teilten. Schaltet man indes den DVD-Player und VHS-Rekorder zusammen, treten kaum Konflikte auf, weil man ja nicht gleichzeitig einen Film von der Videokassette und von DVD ansehen kann.

Mehrere digitale Audioquellen an einem Digitaleingang

Es lassen sich übrigens auch mehrere digitale Audioquellen an einem Digitaleingang am Verstärker anschließen. Der Fachhandel bietet dazu sogenannte optische Umschaltboxen an. Sie haben beispielsweise drei Toslink-Eingänge und einen ebensolchen Ausgang.

Bild 3.5 Optische Umschalter erlauben das Anschließen mehrerer Signalquellen an einen Digitaleingang am Verstärker.

Damit können an einem Digitalaudioeingang am Verstärker problemlos mehrere Geräte angeschlossen werden. Von Interesse kann dies etwa sein, wenn man mehrere Digitalboxen zum Empfang von TV-Programmen über alle erdenklichen Verbreitungswege zu Hause hat. Neben dem Sat-Receiver können, zugegeben in wenigen Fällen, zudem auch je eine DVB-T-, Kabel- und/oder IPTV-Receiver vorhanden sein. Sämtliche über einen Eingang zusammengeschlossenen Geräte lassen sich nur abwechselnd nutzen.

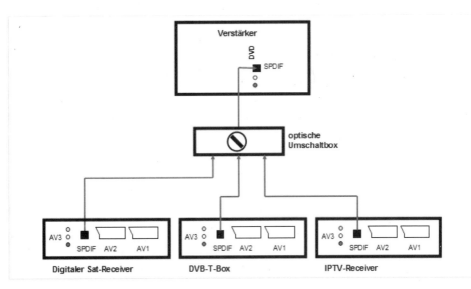

Bild 3.6 Verdrahtungsbeispiel, wie drei Signalquellen per optischer Umschaltbox an einen Digitalaudioeingang am Verstärker angeschlossen werden können.

DIGITAL-TV

Dennoch sind die Einschränkungen geringer, als man meinen möchte. Sofern die Umschaltbox über einen manuellen Wahlschalter verfügt, kann man mit ihm nämlich festlegen, welche Signalquelle sein Audio an den Verstärker weiterleiten darf. Davon ausgehend, dass alle Receiver und Rekorder sowie der Fernseher auch per SCART und zum Beispiel Cinch-AV-Leitungen direkt miteinander verbunden sind, lassen sie sich jedenfalls uneingeschränkt zum Fernsehen und Aufzeichnen/Wiedergeben von Sendungen nutzen. Die TV-Tonwiedergabe über die TV-Gerätelautsprecher wird von den Einschränkungen am Audioverstärker nicht beeinflusst.

3.3 Audio- und Videoverkabelung über den AV-Verstärker

AV-Verstärker verstehen sich als Schaltzentralen der Heimkinoanlage. Ihre umfangreichen Anschlussfelder nehmen alle Komponenten der Stereo- und Heimkinoanlage auf. Da sie auch zahlreiche Videoeingänge an Bord haben, schalten sie das Videosignal einer ausgewählten Quelle auf den TV-Geräte-Ausgang oder etwa an den DVD-Rekorder zum Aufzeichnen.

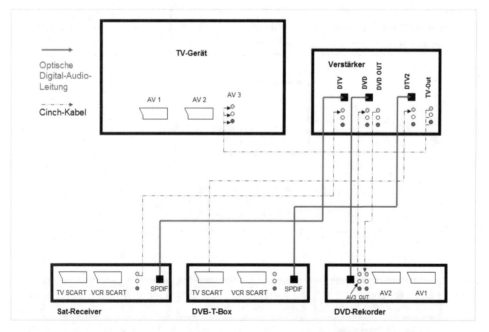

Bild 3.7 Da der AV-Receiver als Steuerzentrale fungiert, kann man über ihn alle AV-Signalquellen führen. Der Fernseher bezieht dabei das Bild ausschließlich vom AV-Receiver. Der TV-Ton wird nur über die Lautsprecheranlage wiedergegeben.

Da dabei alle Geräte direkt mit dem Verstärker verbunden sind und keine zusätzliche Direktverkabelung zwischen einzelnen Geräten, wie etwa dem Sat-Receiver und dem Videorekorder, erforderlich ist, bleibt der »Kabelsalat« übersichtlich. Einerseits ist es toll, alle Quellen zentral über ein Gerät steuern zu können. Ob es aber das ist, was man tatsächlich wünscht, ist anzuzweifeln. Denn der AV-Receiver ist zugleich auch Flaschenhals, der in der Regel nur einen Signalweg berücksichtigt. Über ihn ist es nicht ohne Weiteres möglich, etwa eine Sendung via DVB-T anzusehen, während man zeitgleich eine weitere vom Sat-Receiver auf DVD aufzeichnet.

Außerdem erfordert diese Verkabelungsvariante, den AV-Receiver stets einzuschalten, wenn man fernsehen möchte. Denn hier wird der TV-Ton ausschließlich über die Lautsprecher der Heimkinoanlage wiedergegeben, während jene des Fernsehers stumm bleiben.

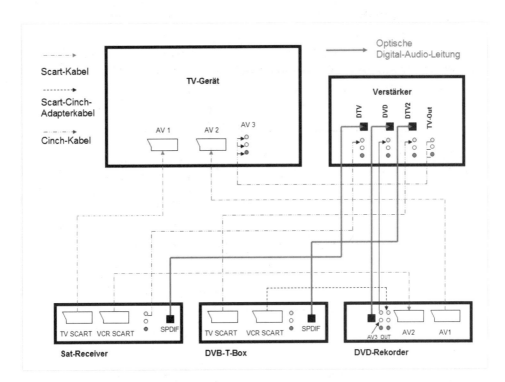

Bild 3.8 Eine zusätzliche AV-Verkabelung, etwa mit SCART-Kabeln zwischen den einzelnen AV-Komponenten, erlaubt umfangreichere Nutzungsmöglichkeiten. Außerdem kann man auch fernsehen, ohne dazu den AV-Receiver einschalten zu müssen.

AV-Signalquellen nicht nur über den AV-Receiver

Aus diesen Gründen empfehlen wir, AV-Signalquellen nicht ausschließlich über den AV-Receiver anzuschließen. Zusätzlich ist eine »traditionelle« Direktverkabelung, zum Beispiel via SCART, anzuraten. Sie sollte zumindest die wichtigsten Funktionen zulassen, wie das zeitgleiche Aufzeichnen von einem Receiver, während man mit dem zweiten fernsieht.

Auch ist es, vor allem spät in der Nacht, ganz nützlich, wenn man TV gucken kann, ohne dazu die Heimkinoanlage einschalten zu müssen. Über die im Fernseher eingebauten Lautsprecher lässt sich um einiges leiser und somit nachbarschaftsfreundlicher fernsehen.

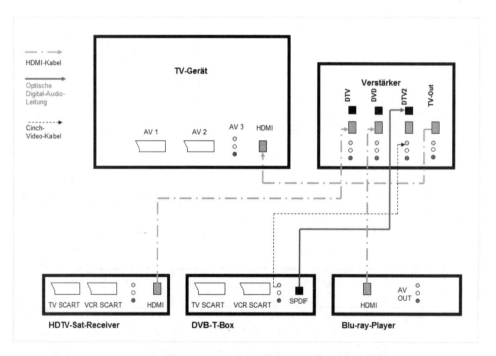

Bild 3.9   Minimalverkabelung per HDMI. Zum Fernsehen ist jedenfalls der AV-Receiver einzuschalten.

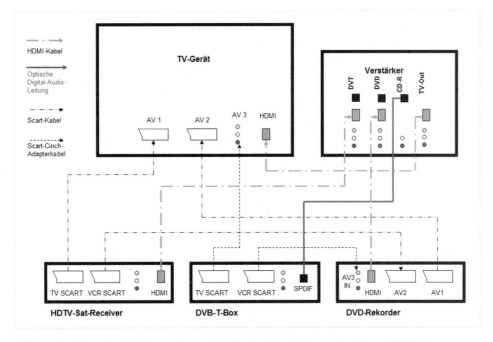

Bild 3.10 Bei dieser Verkabelungsvariante sind die einzelnen Geräte zusätzlich per SCART-Leitungen direkt verbunden. Das erlaubt ihren Einsatz auch, ohne den Verstärker einschalten zu müssen.

3.4 Welche Videosteckernorm?

Hier entscheidet, welche Steckernormen für das Videosignal vom AV-Receiver und den anzuschließenden Geräten bereitgestellt werden. Von ihnen ist jedenfalls das hochwertigste Signal, das von einer AV-Quelle angeboten wird, zu nutzen. Neben der gelben Cinch-Videobuchse kann so die S-Video-Norm, der Komponentenausgang, der bei höherwertigen DVD-Playern zu finden ist, oder auch der HDMI-Standard zum Einsatz kommen.

Besonders angenehm: Der AV-Receiver nimmt unterschiedliche Signalquellen entgegen und konvertiert sie auf alle Videoausgangsnormen, die in ihm eingebaut sind. Damit ist es zum Beispiel ausreichend, den HDTV-Fernseher nur per HDMI an ihm anzudocken. Auf diese Weise finden auch alle Videosignale, die von analogen Quellen wie etwa der Cinch-Videobuchse der DVB-T-Box stammen, den Weg zum Bildschirm. Selbstverständlich werden per HDMI an den AV-Verstärker angeschlossene Signalquellen ebenfalls weitergeleitet. Die einzelnen Videosteckernormen erfordern unterschiedlich aufwendige Verkabelungen, die zudem mehrere Varianten zulassen.

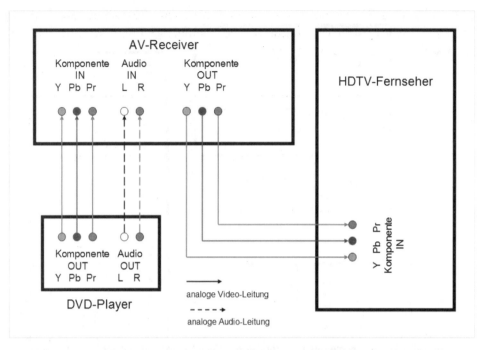

Bild 3.11 Am Beispiel der analogen Komponentennorm ist hier veranschaulicht, dass neben der Video-leitung eine separate Audioverkabelung erforderlich ist. Im gezeigten Bild ist diese ebenfalls analog ausgeführt.

Analoge Verbindungen, wie die Cinch-Video-, S-Video- und Komponentenbuch-sen, übertragen ausschließlich das Videosignal. Für den Ton ist eine separate Lei-tung zu verlegen. Je nach Anschlussmöglichkeiten der Signalquelle kann diese auf analoge Weise über normale Cinch-Audiokabel oder digital, etwa per opti-scher Toslink-Verbindung, erfolgen. Damit auch Dolby-5.1-Informationen zum Verstärker gelangen, ist eine digitale Audioanbindung erforderlich. Eine Aus-nahme bildet der digitale HDMI-Standard, der neben dem digitalen Bild auch den digitalen Ton weitergibt. Eine zusätzliche Audioverbindung wird deshalb nicht benötigt.

3.5 Unüblich: Audioleitung zum TV

Während zwischen Sat-Receiver, DVB-T-Box, dem DVD-Rekorder, dem Blu-ray-Player und dem AV-Receiver Video- und Audioleitungen zu verlegen sind, wird der Fernseher üblicherweise nur per Videokabel angeschlossen. AV-Verstärker sehen meist keinen Audioausgang für den Fernseher vor. Er wird auch nicht gebraucht, da davon ausgegangen wird, dass der TV-Ton ohnehin über die

Boxenanlage des Heimkinosystems gespielt wird. Eine Ausnahme gibt es dennoch, und zwar beim HDMI-Standard. Über ihn gelangt neben den HD-Bildern auch der Digitalton zum Fernseher.

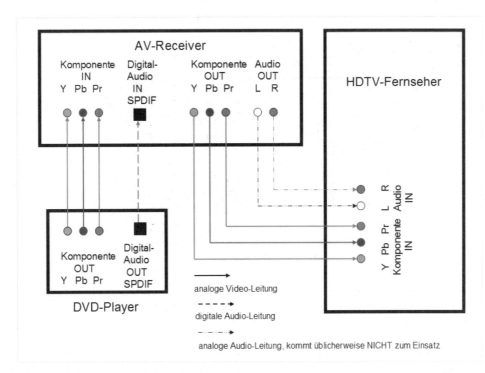

Bild 3.12 Damit man mit dem AV-Receiver auch Filme mit Dolby-5.1-Sound genießen kann, sind digitale Audioleitungen erforderlich. Üblicherweise werden zum Fernseher keine Audiokabel verlegt. Die meisten AV-Verstärker bieten diese Option auch gar nicht an.

3.6   Einen Beamer anschließen

Üblicherweise steht in unseren Wohnzimmern ein Fernsehgerät. Nachdem TV-Projektoren (Beamer) jedoch immer preiswerter werden, finden auch sie vermehrt in Heimkinoanlagen Einzug. Da ihr Betrieb wegen der begrenzten Lebensdauer der in ihm eingebauten Projektionslampe teuer ist, werden sie in der Regel nur gezielt, etwa zum Ansehen guter Spielfilme oder herausragender Sportereignisse, genutzt. Während der restlichen Zeit kommt der alte Röhrenfernseher, der LCD- oder Plasmaschirm zum Einsatz.

Moderne Beamer sind mit zahlreichen Videoeingängen ausgestattet. Neben analogen Cinch-Video-, S-Video- und HDTV-tauglichen Komponentenbuchsen verfügen sie über bis zu drei HDMI-Anschlüsse. Lediglich SCART-Buchsen sucht man bei diesen Geräten vergebens. Dennoch würden sie es erlauben, sämtliche vorhandenen Videoquellen, wie etwa den Sat-Receiver, den Blu-ray-Player oder den DVD-Rekorder, direkt anzuschließen. Was theoretisch leicht ginge, lässt sich in der Praxis kaum durchführen.

Bild 3.13 Beamer, wie der Panasonic PT-AE2000, haben neben zahlreichen analogen bis zu drei HDMI-Eingänge an Bord (Foto: Panasonic).

Dabei ist einmal der Aufstellungsort des Beamers zu berücksichtigen. Steht er am Wohnzimmertisch, müssten zahllose Kabel lose durch den Raum verlegt werden. Das sieht nicht nur schlampig aus, sondern stellt zugleich eine nicht ungefährliche Stolperfalle dar. Selbst wenn der Beamer komfortabel an der Zimmerdecke montiert wäre, ist der direkte Anschluss aller Videogeräte nicht empfehlenswert, allein schon deswegen, weil die erforderlichen, sehr langen Kabel das Budget empfindlich belasten würden. Dies trifft besonders auf HDMI-Leitungen zu.

Bild 3.14 HDMI-Splitter stellen das von einem HD-Receiver stammende hochauflösende Signal für bis zu vier HD-TV-Geräte bereit (Foto: AVLiquid.com).

Moderne Fernsehgeräte, zu denen auch Beamer zählen, haben bis zu drei HDMI-Buchsen eingebaut. Sie erlauben das direkte Andocken mehrerer HDTV-Quellen, etwa eines HD-Receivers und eines Blu-ray-Players. Diese Geräte haben jedoch bislang nur einen einzigen HDMI-Ausgang an Bord. Damit stellen sie uns vor die Alternative, sie entweder am HDTV-LCD-Schirm oder am Beamer anzuschließen. Damit gestatten sie es uns nicht, ihre extrascharfen Bilder über beide Wiedergabegeräte zu nutzen. Abhilfe schaffen sogenannte HDMI-Splitter. Dies sind kleine Boxen mit einem HDMI-Eingang und bis zu vier HDMI-Ausgängen. Sie versorgen demnach bis zu vier HD-Fernseher mit hochauflösenden Videosignalen.

HDTV-Receiver an TV und Beamer anschließen

Um beispielsweise einen HDTV-Receiver an einen HD-ready-LCD-Fernseher und einen Beamer so anschließen zu können, dass an beiden Geräten hochauflösendes Fernsehen bereitsteht, werden drei HDMI-Kabel sowie ein HDMI-Splitter benötigt. Zuerst ist eine Verbindung zwischen dem HDMI-Ausgang des Receivers und dem HDMI-Eingang des Splitters herzustellen. Von seinem HDMI-Ausgang 1 ist ein Kabel zu einer freien HDMI-Eingangsbuchse des HD-ready-Fernsehers zu verlegen. Auf gleiche Weise ist der Beamer am Splitter anzuschließen.

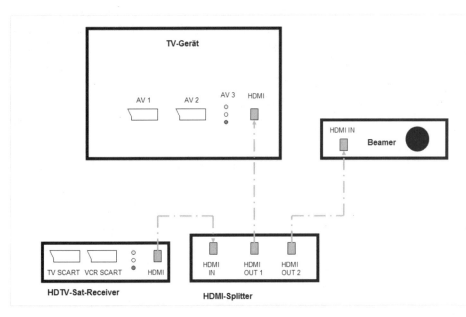

Bild 3.15 Die Grafik zeigt das Verdrahtungsschema für den Anschluss eines HDTV-tauglichen Flachbild-fernsehers und eines Beamers. Anstatt des Beamers kann auch ein zweiter HD-ready-Monitor angeschlossen werden.

HDMI-Splitter taugen nicht nur dazu, ein Flachbild-TV und einen Beamer an einer HDTV-Quelle anzuschließen. Da HDMI auch Tonsignale überträgt, eignet es sich ebenfalls bestens, um einen zweiten Fernseher anzusteuern. Dieser könnte beispielsweise in einem Nachbarraum aufgestellt sein. So könnte man hochauflösendes Fernsehen nicht nur im Wohn-, sondern auch im Schlafzimmer genießen, ohne sich einen zweiten Receiver anschaffen zu müssen.

3.7 Mehrere Videoquellen an Flachbild-TV und Beamer

Die eben beschriebene Methode empfiehlt sich nur, um eine einzige Videoquelle mehreren TV-Geräten zugänglich zu machen. Damit eignet sie sich nicht wirklich für den Einsatz in einer Heimkinoanlage. Immerhin möchte man nicht nur den Sat-Receiver, sondern gegebenenfalls auch die DVB-T-Box, den DVD-Rekorder und möglicherweise mehr an Fernseher und Beamer nutzen können. Ihre Buchsen sind jedoch bereits weitgehend belegt. So werden etwa die analogen Ausgänge des Receivers zum Anschluss des Hauptfernsehers und des Videorekorders genutzt.

Außerdem haben bislang alle HDTV-tauglichen oder mit Upscaler versehenen Geräte nur je einen HDMI-Ausgang eingebaut. Damit lässt sich ein HD-Receiver lediglich an ein einziges Fernsehgerät anschließen. Laut Auskunft mehrerer Hersteller wurde dieser Engpass bereits erkannt, und künftige Gerätegenerationen sollen mit zumindest einem zweiten HDMI-Ausgang ausgestattet werden. Wie schnell diese jedoch tatsächlich in Receivern, Blu-ray-Playern und Co. Einzug halten werden, wird sich herausstellen.

Da Beamer über keine eingebauten Lautsprecher verfügen, muss bei ihnen der TV-Ton über die Hi-Fi-Anlage wiedergegeben werden. Handelt es sich dabei um eine AV-Heimkinoanlage, lässt sich die Anbindung des Beamers leicht bewerkstelligen.

Am AV-Receiver sind, wie bereits behandelt, der Sat-Receiver, die DVB-T-Box, der DVD-Rekorder, der Blu-ray-Player und noch weitere angeschlossen. Der Receiver fungiert als Schaltzentrale, der die ausgewählte Signalquelle auf die Lautsprecher und den Fernseher schaltet. Obwohl auch der Verstärker in der Regel nur einen HDMI-Ausgang eingebaut hat, liegt sein Vorteil in den zahlreichen Eingängen, die, zumindest bei moderneren Modellen, auch mehrere HDMI-Buchsen enthalten. Damit ist er in der Lage, die Signale aller angeschlossenen Quellen in bester Qualität an seinem HDMI-Ausgang bereitzustellen.

Wird an ihm ein HDMI-Splitter angeschlossen, können mehrere Fernseher, wie etwa der Flachbildschirm und der Beamer, versorgt werden. Am AV-Receiver ist dann einzustellen, welche Quelle man nutzen möchte. Diese Schaltung erlaubt es jedoch nicht, an beiden TV-Geräten unterschiedliche Programme zu sehen.

3.8   Zwei TV-Geräte anschließen

Etwas einfacher gestaltet sich die Situation, wenn man mehrere Fernseher nur mit Signalen in Standardqualität versorgen möchte. AV-Verstärker von Heim-kinoanlagen besitzen in der Regel mehrere Ausgänge. Neben der HDMI-Buchse für den HD-Flachbildschirm gibt es je eine Cinch- und S-Video-Buchse. Analoge Audioausgangsbuchsen für den Fernseher gibt es jedoch nicht. Damit scheint man für ein zweites TV-Gerät keinen Ton aus dem Verstärker zu bekommen.

Bild 3.16 Neben einem HDMI-Ausgang bieten AV-Receiver auch analoge Videoausgänge, wie hier je eine Cinch- und eine S-Video-Buchse.

Hier helfen jedoch die Audioausgangsbuchsen, wie sie etwa für das Kassetten-deck vorgesehen sind. Für Aufnahmegeräte, wie unter anderem den DVD-Rekorder, sind analoge Cinch-Audio- und -Videoein- und -ausgangsbuchsen vorgesehen. Die Ausgänge am Verstärker werden benötigt, um Mitschnitte von anderen Signalquellen anfertigen zu können. Damit kann man etwa vom Sat-Receiver auf DVD aufzeichnen, wenn beide Geräte am AV-Verstärker ange-schlossen sind. Über die Ausgangsbuchsen wird der Ton jedoch auch ausgege-ben, wenn der Verstärker nicht auf dieses Gerät geschaltet ist.

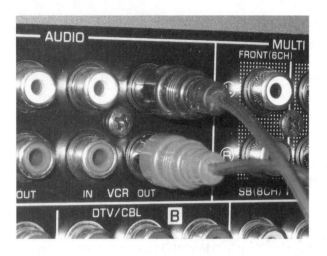

Bild 3.17 Den Ton für den zweiten Fernseher kann man sich über einen der Aufnahmegeräteausgänge »besorgen«. Er ist primär von Bedeutung, wenn das zweite TV-Gerät in einem anderen Zimmer steht.

Läuft über ihn beispielsweise der Ton des Sat-Receivers, ist dieser nicht nur über die Lautsprecher zu hören, sondern steht auch an den genannten Audioausgängen an. Sofern nicht alle Aufnahmegeräteanschlüsse am AV-Verstärker belegt sind, kann man einen für den TV-Ton zweckentfremden. Damit ist jedenfalls gewährleistet, dass der zweite, etwa im Schlafzimmer oder der Küche aufgestellte Fernseher über eine dreipolige Cinch-AV-Leitung mit Bild und Stereoton versorgt wird.

Bild 3.18 Sind die Audioausgänge am Verstärker bereits belegt, schaffen Cinch-T-Adapter Abhilfe.

Sind bereits alle Aufnahmegeräteausgänge belegt, kann man zu Cinch-T-Stücken greifen. Diese bestehen aus einem Cinch-Stecker, von dem zwei kurze Kabel mit je einer Cinch-Buchse abgehen. Damit lässt sich ein Ein- oder Ausgang, wie hier am Verstärker, sozusagen verdoppeln. Für den linken und rechten Audiokanal wird je ein Adapterkabel benötigt. Mit ihm kann das Aufnahmegerät weiter wie gewohnt betrieben werden. Zusätzlich bekommt man den Ton für das TV-Gerät.

Leise fernsehen

Die Nachbarn haben es nicht allzu gern, wenn man spät in der Nacht die Heimkinoanlage zum Fernsehen zu laut aufdreht. Ist das TV-Gerät via HDMI mit dem Verstärker verbunden, nimmt es über das digitale Kabel neben dem Bild auch den Fernsehton entgegen. Damit ist es nicht erforderlich, die Stereoanlage laut aufzudrehen. Stattdessen kann man den TV-Ton auch über die im Fernseher eingebauten Lautsprecher hören.

3.9 TV-Signale per Antennenkabel in mehrere Räume bringen

Auch per Antennenkabel lassen sich Fernsehsignale in mehrere Räume bringen. Zu analogen Zeiten waren Videorekorder und Sat-Receiver mit einem Ein- und Ausgang für die terrestrische Fernsehantenne ausgestattet. Diese war zuerst am Videorekorder anzuschließen. Von seinem Antennenausgang war ein Antennenkabel zum Fernseher zu verlegen. Auf diese einfache Weise bekamen die TV-Tuner des Rekorders und Fernsehers die empfangbaren Programme angeliefert. Damit konnte man unabhängig voneinander verschiedene Programme ansehen und aufzeichnen.

Bild 3.19 TV-Antennenein- (oben) und -ausgang (unten) eines VHS-Rekorders.

Außerdem war in VHS-Rekorden ein sogenannter UHF-Modulator eingebaut. Diesen kann man sich als sehr kleinen Fernsehsender vorstellen, der das Signal des Videorekorders auf einer eigenen TV-Übertragungsfrequenz am TV-Antennenausgang bereitstellte. Es wurde gemeinsam mit den per Antenne oder Kabel empfangenen Kanälen an den Fernseher weitergeleitet. Dieser fand bei einem Sendersuchlauf auch die Frequenz, auf der der Videorekorder »ausstrahlte« – genau so wie ein reguläres Fernsehprogramm. Der Videorekorder war auf einem separaten Speicherplatz am TV-Gerät zu programmieren. Damit hatte man neben dem Ersten, dem ZDF und dem ortsüblichen Dritten am Fernseher auf Speicherplatz 4 den Videorekorder.

Inzwischen sind UHF-Ein- und -Modulatorausgänge längst nicht mehr in allen modernen Geräten eingebaut. Zum Teil gibt es sie aber noch. Sie erlauben es, alle Geräte, die solche Modulatoren an Bord haben, in Serie zu schalten.

Bild 3.20 Diese beiden Digitalreceiver haben einen terrestrischen Antennen-ein- und -ausgang eingebaut. Diese Buchsen allein deuten noch nicht auf einen eingebauten Modulator hin. Die Beschriftung LOOP OUT der oberen Box zeigt, dass hier das Antennensignal nur durchgeschleift wird.

In unserem Beispiel gehen wir davon aus, dass der Sat-Receiver und die DVB-T-Box sowie der Videorekorder einen UHF-Modulator eingebaut haben.

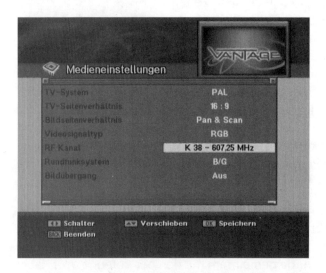

Bild 3.21 UHF-Modulator-Einstellmenü eines Sat-Receivers.

1. Zuerst schließen wir unsere TV-Antenne, mit der wir nur noch digitales Antennenfernsehen empfangen, am Sat-Receiver an. Seinen Modulatorausgang stellen wir in unserem Beispiel auf Kanal 22 ein. Auf ihm empfangen später Videorekorder und Fernseher die Signale des Sat-Receivers.

2. Von seinem Antennenausgang verlegen wir eine kurze Antennenleitung zum Antenneneingang der DVB-T-Box. Ob nun diese als Erstes oder Zweites

nach der Antenne angeschlossen wird, ist übrigens egal. Der Modulatorausgang der DVB-T-Box wird von uns auf Kanal 27 eingestellt.

3. Danach wird ein Antennenkabel vom Antennenausgang des DVB-T-Empfängers zum Antenneneingang des Videorekorders verlegt. Nachdem wir einen Sendersuchlauf vorgenommen haben, speichert er auf Programmplatz 1 (Kanal 22) die Signale des Sat- und auf Speicherplatz 2 (Kanal 27) jene des DVB-T-Receivers ab. Damit dies gelingt, müssen während des Sendersuchlaufs beide Digitalboxen eingeschaltet sein.

4. Zuletzt ist eine Leitung vom Antennenausgang des Rekorders zum Antenneneingang des Fernsehers zu verlegen und am TV-Gerät ein Sendersuchlauf vorzunehmen. Dazu müssen der Sat-Receiver, die DVB-T-Box und der Videorekorder eingeschaltet werden. Sie werden am Fernseher auf den Programmspeicherplätzen 1 (Satellit), 2 (DVB-T) und 3 (Video) abgelegt. Auf welchem Speicherplatz sich diese drei Signalquellen tatsächlich finden werden, hängt davon ab, welche UHF-Kanäle bei den einzelnen Modulatoren der Geräte eingestellt wurden.

Fernseher scannen beim Sendersuchlauf stets von der niederen zur höheren Frequenz. Deshalb finden sich der Sat-Receiver, die DVB-T-Box und der Videorekorder den ihnen zugeteilten Frequenzen entsprechend auf den Speicherplätzen des TV-Geräts. Sind auch noch analoge TV-Programme zu empfangen, was aber nur noch selten über die Dachantenne gelingen sollte, können diese die Reihenfolge der Kanäle der Senderliste ebenfalls durcheinanderbringen.

HINWEIS!

Auf Toneinstellungen achten

Erfolgt die Signalverteilung über das Antennenkabel, ist nicht nur der UHF-Ausgangskanal am Receiver oder Videogerät einzustellen. Weltweit kommen zur analogen TV-Übertragung über erdgebundene Sendeanlagen unterschiedliche Normen zum Einsatz. Sie legen unter anderem fest, auf welchen Frequenzen der Ton zum Bild, die nicht gesondert einzustellen sind, ausgestrahlt werden. In weiten Teilen Westeuropas kommt die Norm B/G zum Einsatz. Diese ist einzustellen. Würde man versehentlich D/K (Osteuropa) oder auch I (Britische Inseln) wählen, würde aus den Fernseherlautsprechern nur Rauschen erklingen.

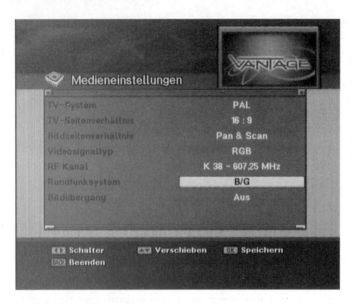

Bild 3.22   Neben der Kanaleinstellung ist auch die richtige Fernsehnorm einzustellen.
Bei uns ist *B/G* gebräuchlich.

Bild 3.23   Würde man etwa *D/K* einstellen, wäre hierzulande kein Ton zu hören.
Er könnte vom Videorekorder auch nicht aufgezeichnet werden.

Eine SCART-Verkabelung zum Vergleich

Zum Vergleich haben wir die Grafik auch mit einer SCART-Verkabelungsvariante versehen. Bei ihr ist der Sat-Receiver nur am Videorekorder angeschlossen. Über ihn wird sein Signal zum AV1-Eingang des Fernsehers geschleift. Über diese Verbindung kann der Videorekorder bei Bedarf vom Satelliten-TV aufzeichnen.

Da beide Geräte sozusagen am gleichen SCART-Eingang des Fernsehers angeschlossen sind, kann man über ihn entweder Sat-TV oder Video gucken. Die DVB-T-Box ist am AV2-Eingang des Fernsehers angeschlossen. Eine Verkabelung zum Videorekorder besteht nicht. Deshalb lassen sich auch keine DVB-T-Programme aufzeichnen, zumindest nicht via SCART.

Die SCART-Verkabelung erlaubt immerhin, unabhängig vom Sat-Receiver oder vom Videorekorder ein anderes Programm aufzuzeichnen. Der Vorteil der SCART-Verkabelung gegenüber der Antennenleitung ist die etwas bessere Bildqualität sowie die Möglichkeit, auch Stereoton zu übertragen.

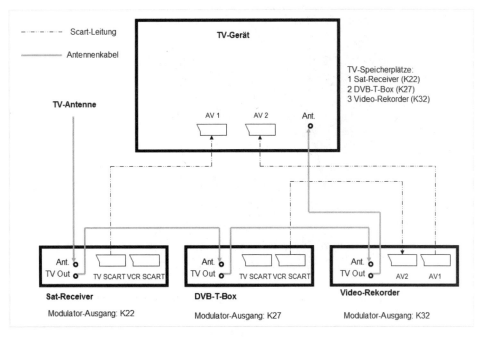

Bild 3.24 Die Grafik zeigt, wie die einzelnen Geräte per Antennenkabel einfach der Reihe nach geschaltet werden.

Für die Antennenleitungsverkabelung sprechen ihre einfache Durchführung sowie der günstige Preis. Obwohl alle Geräte hintereinander geschaltet sind, lassen sie sich vollkommen unabhängig voneinander betreiben. Außerdem kann von beiden Receivern aufgezeichnet werden.

Während man beispielsweise von DVB-T eine Sendung mitschneidet, hat man uneingeschränkten Zugriff zu allen Sat-Kanälen und umgekehrt. Als Nachteile sind die etwas schlechtere Bildqualität sowie der Mono-Ton zu nennen. Die in den Geräten eingebauten UHF-Modulatoren sind nämlich nicht stereotauglich.

3.10 Mehrere TV-Geräte an einer Antennenleitung

Antennenleitungen eignen sich nicht nur als Zweitweg, um auf einfache Weise zum Beispiel mehrere Receiver und ein Videogerät an einem Fernseher anzuschließen. Es dürfen auch mehrere TV-Geräte sein. Dazu ist am Antennenausgang des Videorekorders eine Antennenweiche anzubringen.

Bild 3.25 Mit einfachen Antennenweichen lassen sich mehrere Fernsehgeräte versorgen.

Sie hat einen Eingang und zwei oder vier Ausgänge. An jedem kann ein weiterer Fernseher, der sogar in einem anderen Stockwerk stehen kann, angeschlossen werden. Nach einem Sendersuchlauf sind auf Programmplatz 1 bis 3 der Sat-Receiver, die DVB-T-Box und der Videorekorder zu sehen.

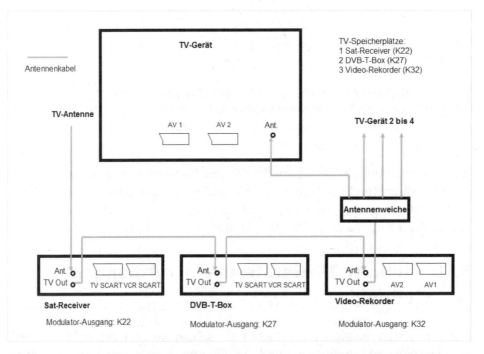

Bild 3.26 Per Antennenkabelverteilung können auch mehrere Fernseher an Receiver, Rekorder und Co. angeschlossen werden. An jedem kann man das sehen, was gerade im Wohnzimmer eingeschaltet wurde.

Selbstverständlich werden über diese Antennenkabelverteilung auch zu jedem Fernseher die von der Antenne empfangenen DVB-T-Signale weitergeleitet. Dadurch ist über jeden der vier Ausgänge der Antennenweiche auch digitales Antennenfernsehen empfangbar – entweder mit einem externen DVB-T-Receiver oder einem im TV-Gerät integrierten DVB-T-Empfangsteil.

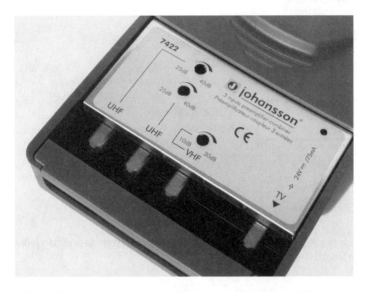

Bild 3.27 Bei langen Antennenkabeln kann es zu verrauschten Bildern an den Fernsehgeräten kommen. Einfache Verstärker schaffen Abhilfe.

HINWEIS!

Verstärker helfen bei zu schwachem Signal

Bei langen Antennenkabeln kann es zu verrauschten Bildern kommen. Um dieser Störung vorzubeugen, ist ein Verstärker anzubringen. Er muss zwischen den Antennenausgang des Videorekorders und den Eingang der Antennenweiche geschaltet werden. Damit verstärkt er die Signale des Sat- und DVB-T-Receivers sowie des Videorekorders. Antennenverstärker sind an das Stromnetz anzuschließen. Zum Teil haben sie das erforderliche Netzteil bereits eingebaut. Verstärker gleichen die Signalverluste langer Antennenleitungen aus und sorgen so für guten Empfang. Dazu sind sie möglichst nahe an der Signalquelle, also dort, wo das Bild noch gut ist, einzubauen.

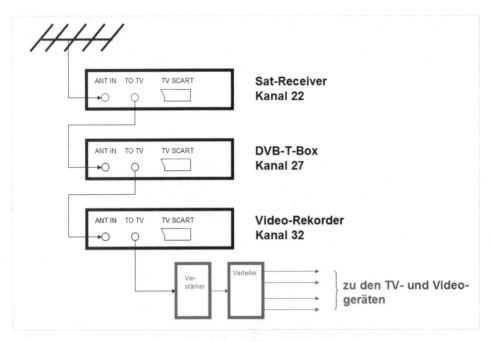

Bild 3.28 Der Verstärker ist vor den Verteiler in die Nähe der Signalquellen zu setzen. So profitiert jeder Fernseher vom aufbereiteten Signal.

Externer Modulator

Externe Modulatoren werden in verschiedenen Ausführungsvarianten angeboten. Einfache, preiswerte Modelle bieten ungefähr den gleichen Funktionsumfang wie die in den Receivern eingebauten. Auch sie geben den Ton nur in Mono aus. Komfortablere, etwas teurere Modelle erlauben mitunter sogar das Anschließen zweier Geräte und verstehen sich auch auf den Stereoton. An den externen Modulator lassen sich alle Geräte, etwa DVD-Player oder sogar eine IPTV-Box, anschließen, die über keinen eigenen Modulator verfügen. Dazu ist beispielsweise eine SCART-Leitung von der TV-Ausgangsbuchse des DVD-Players zum SCART-Eingang des Modulators zu verlegen. Das war's dann schon. Die Kanaleinstellung am Modulator erfolgt nicht per Bildschirmmenü, sondern über Drucktasten an der Front oder Kippschalter an der Rückseite. Üblicherweise ist für jedes Gerät ein separater Modulator erforderlich.

Verkabelung mit externem Modulator

Externe Modulatoren helfen, einen Zweitverteilungsweg für TV-Signale herzustellen. Das kann interessant sein, wenn zusätzliche Fernseher angeschlossen werden sollen, beispielsweise wenn man Pay-TV abonniert hat. Per Antennenkabel lassen sie sich auch mit anderen TV-Geräten, etwa in der Küche, nutzen.

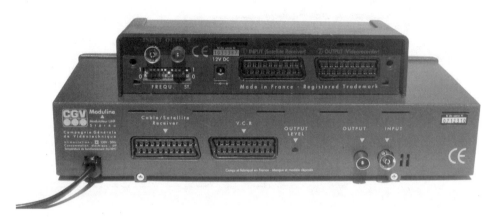

Bild 3.29   Komfortable externe UHF-Modulatoren. Die Rückseiten dieser Modulatoren zeigen je zwei SCART-Buchsen. Sie erlauben sogar einen AV-Durchschleifbetrieb.

Diese Zusatzverkabelung soll jedoch den Komfort im Wohnzimmer nicht beeinträchtigen. Dafür sorgen die beiden SCART-Buchsen externer Modulatoren. Sie erlauben etwa, den Sat-Receiver über den Modulator am Videorekorder anzuschließen. Diese besitzen ja häufig keinen eingebauten Modulator mehr. Dazu ist eine SCART-Leitung vom VCR-Ausgang des Receivers zum SCART-Eingang des Modulators zu verlegen.

Von dessen SCART-Ausgangsbuchse ist eine Verbindung zur AV1-Buchse des Videorekorders herzustellen. Die beiden noch freien SCART-Ausgänge des Receivers und Rekorders sind mit den SCART-Eingängen des Fernsehers zu verbinden. Damit erreicht man im Wohnzimmer den gewohnten Bedienungskomfort.

Sat und Video sind in bester Qualität am TV verfügbar. Dazu ist im Beispiel auf unserer Grafik für den Sat-Receiver AV1 am Fernseher einzustellen. Möchte man Videos sehen, ist auf den AV2-Eingang zu wechseln. Weiter kann man über die SCART-Verbindung Sat-TV in bester Qualität aufzeichnen. Für den Betrieb im Wohnzimmer ändert sich so nichts. Am Modulator sind keinerlei Bedienschritte vorzunehmen. Sofern an ihm ein Mehrfachverteiler angeschlossen ist, kann man davon aber auch im Wohnzimmer profitieren.

Dem Videorekorder werden die Programme des Sat-Receivers über SCART und das Antennenkabel zugespielt. Damit stehen einem zwei Wege offen, über die man aufzeichnen kann. Da der Fernseher zusätzlich per Antennenleitung mit Signalen versorgt wird, kann man mit ihm ebenfalls wahlweise die Sat-Kanäle und den Videorekorder via SCART und Antennenkabel ansehen.

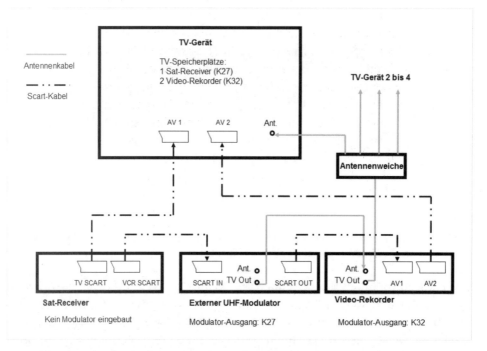

Bild 3.30 Der Modulator ist in die SCART-Verbindung zwischen Sat-Receiver und Videorekorder geschaltet. Über das Antennenkabel werden bis zu vier TV-Geräte versorgt. Das TV-Gerät im Wohnzimmer ist zudem über höherwertige SCART-Kabel mit Receiver und Rekorder verbunden.

Der praktische Nutzen liegt auf der Hand. Ist eine SCART-Leitung beim Verrücken eines Geräts etwas herausgerutscht, hat man mitunter kein Bild mehr am Fernseher. Da die »altmodischen« Antennenstecker eine weitaus zuverlässigere Verbindung darstellen, sorgen sie auch dann noch für einwandfreien Empfang.

Wie in der Grafik gezeigt, ist vom TV-Ausgang des Modulators zusätzlich eine Antennenleitung zum TV-Antenneneingang des Videorekorders zu verlegen. An seinem Antennenausgang ist der Antennenverteiler anzuschließen. Dies kann beispielsweise ein Zwei- oder Vierfachverteiler sein. Mit Letzterem können bis zu vier TV-Geräte gespeist werden. Damit lässt sich sogar eine kleine Heimverteilanlage realisieren.

Eingeschränkte Programmvielfalt

Werden an einem Receiver und Rekorder mehrere Fernseher angeschlossen, kann auf ihnen nur das angeschaut werden, was gerade im Wohnzimmer eingestellt ist. Damit ist es nicht möglich, mit nur einem Receiver im Wohnzimmer etwa »Das Erste« und in der Küche das ZDF zu sehen. Möchte man im Hobbyraum einen Videofilm gucken, muss man zuvor den Rekorder im Wohnzimmer einschalten. Hier ist auch der Receiver einzuschalten und der Sat-Kanal einzustellen, den man in einem anderen Raum sehen möchte. Damit eignet sich die Antennenleitungsverkabelung nur bedingt als Mehrteilnehmeranlage. Sie hat aber ihre Berechtigung, wenn man abwechselnd eine Sendung in verschiedenen Räumen anschauen möchte. Ruft beispielsweise die Hausfrau zum Essen, versäumt man so nicht die entscheidenden Szenen eines Films oder einer Sportveranstaltung.

3.11 Störquelle SCART-Kabel

Obwohl SCART-Stecker verhältnismäßig groß sind, stecken sie nicht allzu fest in den Buchsen. Da zudem das von den Steckern abgehende Kabel dick und ziemlich unbeweglich ist, lässt es sich nur schwer so verlegen, dass es seiner »natürlichen Liegerichtung« entspricht. Meist geht das Kabel seitlich vom Stecker ab – oft genug an der »falschen« Seite. Um zum Beispiel Receiver oder Videorekorder an den Fernseher anzuschließen, müssen die SCART-Kabel hinter den Geräten mit je einer 180°-Schleife verlegt werden. Das beansprucht nicht nur Platz.

Da das Kabel versucht ist, sich aus seiner aufgezwungenen Lage zu befreien, werden Kräfte frei, die zum langsamen Herausgleiten des Steckers aus der Buchse führen können. Meist wird er dabei nur an einer Seite etwas angehoben, womit einzelne Pins den Kontakt verlieren. Typische Folgen sind der plötzliche Ausfall des Bildes, einzelner Farben oder auch des Tons, wobei nur der linke oder rechte Audiokanal betroffen sein kann. Mitunter kommt es aber zum Totalausfall. Da dies mitunter erst nach vielen Monaten oder gar Jahren nach der Verkabelung der Geräte geschehen kann, trifft einen das vollkommen unerwartet und lässt zuerst einen technischen Defekt an einem der Geräte vermuten.

Diese Fehler können aber auch auftreten, nachdem man zum Beispiel die Geräte abgestaubt hat. Dazu genügt es, sie um wenige Millimeter anzuheben oder zu verdrehen. Das reicht bereits, damit einer der SCART-Stecker teilweise oder vollständig aus der Buchse herausrutscht.

Der Mangel lässt sich in der Regel in Sekundenschnelle beheben, indem man einfach an die Rückseite der Geräte greift und mit den Fingern den Halt der SCART-Stecker überprüft. Sind sie nur teilweise herausgerutscht, lassen sie sich so auch wieder vollständig in die Buchse hineinschieben. Da das Kabel nicht nur am verrückten Gerät abgegangen sein muss, sind stets beide Kabelenden zu überprüfen, also auch das Ende am Fernseher.

3.12 Keine Bildwiedergabe kopiergeschützter Sendungen?

Da in vielen Haushalten mehr Videogeräte vorhanden als im TV-Gerät SCART-Stecker eingebaut sind, kommt häufig die sogenannte Durchschleifmethode zum Einsatz. Sie geht davon aus, dass etwa der Sat-Receiver nur am Video- oder DVD-Rekorder angeschlossen ist und ausschließlich von diesem eine Verbindung zum Fernseher hergestellt wird. Diese Verkabelung ist auch überaus praktisch. Sie erlaubt das Ansehen von selbst aufgezeichneten Videomitschnitten ebenso wie das Aufzeichnen vom Sat-TV. Ist das Videogerät ausgeschaltet, kann man zudem uneingeschränkt Satellitenfernsehen gucken.

Das funktioniert ohne Einschränkungen, solange man sich ausschließlich nicht kopiergeschützte Inhalte ansieht. Diese sind bei im Einzelabruf bestellten Sendungen durchaus üblich. Davon betroffen sind in erster Linie über Pay-per-View oder Video-on-Demand georderte Sendungen. Unseren Erfahrungen zufolge können aber auch Gratisinhalte, die etwa via IPTV zum Ansehen per VoD bereitgestellt werden, mit einem Kopierschutz versehen sein. Damit soll das Aufzeichnen dieser Sendungen verhindert werden.

Da TV-Geräte auf diese Kopierschutzsignale nicht reagieren, zeigen sie diese Programme meist ohne Störungen am Bildschirm. Dennoch kann dieser gerade bei attraktiven Inhalten auch schwarz bleiben, nämlich dann, wenn der Receiver nicht direkt am TV angeschlossen, sondern über einen Videorekorder geschleift wird. In den meisten Fällen lässt dieser die kopiergeschützten Signale ungehindert passieren, womit sie auch am TV ohne Einschränkungen wiedergegeben werden.

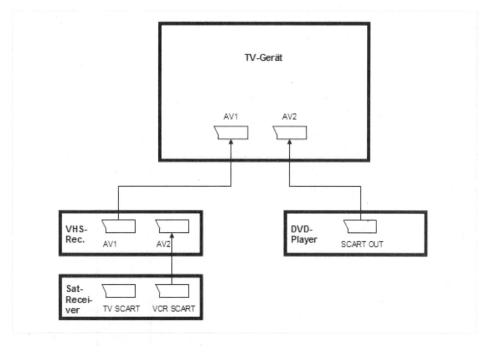

Bild 3.31 Diese SCART-Verkabelungsvariante erlaubt das Anschließen von drei Geräten am Fernseher. In seltenen Fällen kann der Video- oder DVD-Rekorder jedoch auf kopiergeschützte TV-Signale reagieren und ihre Weiterleitung zum Fernseher unterbinden.

Bild 3.32 Würde man den an einer gemeinsamen SCART-Buchse am TV-Gerät angeschlossenen Videorekorder und DVD-Player gleichzeitig einschalten, würden sich deren Bilder überlagern.

Aber eben nicht immer. In seltenen Fällen reagiert der Video- oder DVD-Rekorder auch im ausgeschalteten Zustand auf das ihm vom Receiver zugespielte kopiergeschützte Videosignal und unterbindet dessen Weitergabe an seiner SCART-Ausgangsbuchse, wodurch das Fernsehbild erst gar nicht korrekt beim TV-Gerät ankommt. Damit dieser Effekt erst gar nicht auftritt, empfiehlt es sich, den Receiver direkt am TV anzuschließen.

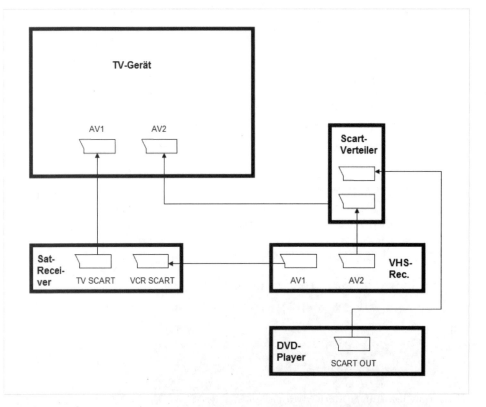

Bild 3.33 Lösungsvorschlag dazu, wie man Sat-Receiver, Videorekorder und DVD-Player an zwei im TV eingebauten SCART-Buchsen anschließen kann, um eventuelle Kopierschutzeinschränkungen zu umgehen.

1. Die Verbindung zum Videorekorder ist mit einem separaten SCART-Kabel herzustellen. Sofern zwei SCART-Buchsen am TV-Gerät vorhanden sind, lässt sich das ohne Weiteres bewerkstelligen. Zuerst wird eine SCART-Verbindung von der SCART-TV-Out-Buchse des Receivers zu einer der SCART-Eingänge des TV-Geräts, wie etwa AV1, hergestellt.

2. An die AV2-SCART-Buchse des Fernsehers schließen wir einen SCART-Verteiler an. Das ist eine kleine Box, die mindestens zwei SCART-Buchsen aufweist und in Elektromärkten bereits ab wenigen Euro zu bekommen ist. Größere Modelle haben bis zu fünf SCART-Buchsen an Bord. Mit einfachen SCART-Verteilern lassen sich die Eingänge des Fernsehers oder auch eines DVD- oder Videorekorders vermehren.

3. Von einer der beiden Rekorder-SCART-Buchsen, etwa AV2, ist eine SCART-Leitung zu einem der beiden Buchsen des SCART-Verteilers zu verlegen. Die zweite wird mit der SCART-Buchse des DVD-Players verbunden. Nun kann man bereits, diesmal garantiert ohne Einschränkungen, alle Sat-TV-Programme sowie Videos und DVDs am Fernseher ansehen.

4. Damit man auch weiterhin vom Sat-Receiver aufzeichnen kann, ist zuletzt ein SCART-Kabel von der noch freien AV1-Buchse des Rekorders zur VCR-SCART-Buchse des Receivers zu verlegen.

Zum Satellitenfernsehen ist das TV-Gerät auf AV1, für den Videorekorder oder DVD-Player auf AV2 zu schalten. Da sich Rekorder und Player einen AV-Eingang am Fernseher teilen, können die Geräte nicht gleichzeitig genutzt werden. Würde man sie zusammen einschalten, käme es zu hässlichen Bildüberlagerungen. Deshalb können sie nur abwechselnd genutzt werden. Da man sich ohnehin nicht gleichzeitig eine DVD und ein Video ansehen kann, fällt dieser Nachteil nicht so sehr ins Gewicht.

Diese Einschränkungen können lediglich als ärgerlich empfunden werden, wenn man gerade einen Film vom Sat-TV aufzeichnet. Da währenddessen auf AV1 das Signal des Receivers und auf AV2 die gleiche Sendung, diesmal durchgeschleift über den Videorekorder, zu sehen ist, kann man währenddessen keine DVD anschauen. Dies ist nur möglich, wenn man sich eine etwas teurere SCART-Umschaltbox mit Eingangswahlschalter zulegt. Während bei einfachen Modellen stets beide Buchsen aktiv sind, kann man sie bei schaltbaren Boxen gezielt anwählen – womit auch das Anschauen der DVD während einer laufenden Aufnahme möglich ist.

Bei dieser Variante haben wir gezielt auf einen Sat-Receiver hingewiesen. Sie eignet sich aber genauso für einen digitalen Kabel-TV- oder IPTV-Receiver. Über beide kann man ebenfalls mit kopiergeschützten Signalen konfrontiert sein.

4 AV-Funkübertra-gungssysteme

AV-Funkübertragungssysteme bestehen aus einem Sender und einem Empfänger. Solche Sets sind inzwischen schon für wenig Geld zu bekommen. Mit ihnen kann man drahtlos zum Beispiel die Signale des Sat-Receivers oder DVD-Players in Haus und Garten verteilen.

Bild 4.1 AV-Funkübertragungssysteme bieten reichlich Zubehör.

Moderne AV-Übertragungssysteme arbeiten im Bereich von rund 2,410 bis 2,473 GHz. Man spricht dabei ganz allgemein vom 2,4-GHz-Bereich. Um Störungen durch andere Funkübertragungssysteme auszuschließen, stehen den Geräten vier Kanäle zur Verfügung. Diese sind am Sender und Empfänger einzustellen. Die einzelnen Kanäle sind mit A, B, C und D beschriftet und von jedem Hersteller willkürlich festgelegt. Sender und Empfänger verschiedener Fabrikate zu kombinieren ist demnach in der Regel nicht möglich.

Bild 4.2 Die Kanalumschaltung für die vier möglichen Sendefrequenzen ist unter der schwenkbaren Sendeantenne verborgen.

Die Reichweite wird mit maximal 100 Metern im Freien angegeben. Innerhalb von Gebäuden werden bis zu 30 Meter versprochen. Das sollte reichen, um Haus und Garten zu versorgen. Selbst der Empfang über mehrere Stockwerke sollte möglich sein.

Bild 4.3   2,4-GHz-Funkübertragungssystem.

Die Systeme arbeiten mit geringsten Sendeleistungen. Wie gut der Empfang in einem anderen Zimmer funktioniert, hängt deshalb sehr stark vom Aufstellungsort des Senders und Empfängers ab. Von Plug and Play kann man nicht wirklich sprechen. Da sich die Empfangsverhältnisse innerhalb weniger Zentimeter verändern können, gilt es, erst mal den geeigneten Platz zu finden, der eine störungsfreie Verbindung zulässt. Viele AV-Funksysteme sind mit schwenkbaren Antennen ausgestattet. Auch deren Stellung bestimmt über die erfolgreiche drahtlose Signalübertragung.

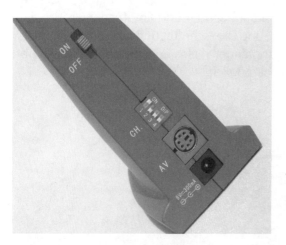

Bild 4.4   Dieses AV-Funkübertragungssystem nimmt Signale nur über eine S-Video-Buchse entgegen. Ein Spezialkabel für den Anschluss des Funkübertragungssystems an SCART-Buchsen liegt bei. Die Frequenzeinstellung wird mit den Kippschaltern vorgenommen.

4.1 AV-Funkübertragungssysteme anschließen

AV-Funksender und -empfänger haben an ihren Rückseiten meist Cinch-AV-Buchsen eingebaut. Am Cinch-AV-Ausgang beispielsweise des Receivers ist eine dreipolige Cinch-Leitung anzuschließen, die mit dem Eingang des Funksenders zu verbinden ist. Fehlt dem drahtlos zu übertragenden Gerät der entsprechende Ausgang, kann man auch einen SCART-Cinch-Adapterstecker verwenden, der an eine freie SCART-Buchse des Receivers zu stecken ist. An den an seiner Rückseite eingebauten Cinch-Buchsen lässt sich die Cinch-Leitung andocken. Auf gleiche Weise ist der AV-Funkempfänger am Fernseher anzuschließen.

Bild 4.5 Dank Cinch-Buchsen können bei diesem Funkübertragungssystem leicht alle beliebigen Audio- und Videoquellen zugespielt und versorgt werden.

AV-Funkübertragungssysteme leiten nicht nur das TV-Bild und den zugehörigen Ton weiter. Sie erlauben es auch, aus der Ferne den Receiver zu steuern. Dazu ist nur die Fernbedienung in den Raum mitzunehmen, in den die Programme des Receivers drahtlos übertragen werden. Der Empfänger des Funkübertragungssystems nimmt die Befehle der Fernbedienung entgegen und leitet sie an den Sender weiter, der sie wiederum an den Receiver weiterleitet.

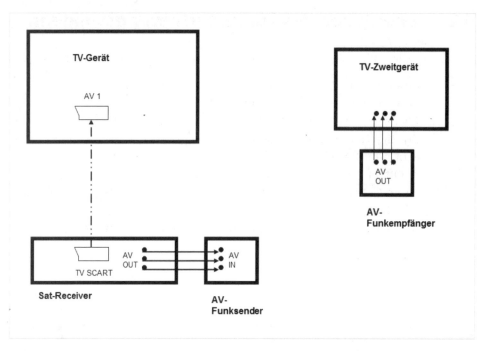

Bild 4.6 Die Grafik zeigt, dass zwischen Receiver und Zweitfernseher keine Drahtverbindung besteht.

Reichweite optimieren

Oft ist man mit dem Wunsch konfrontiert, AV-Signale über größere Distanzen zu übertragen, als diese von den Systemen üblicherweise bewerkstelligt werden. Da Eingriffe in den Senderteil verboten sind, kann dies beispielsweise durch die Suche nach einem geeigneten Standort erreicht werden. Je höher der Sender steht, umso weiter ist er auch zu sehen. Befindet er sich im Freien, wird zudem die Gebäudedämpfung ausgeschaltet. Möchte man beispielsweise das Funkübertragungssystem vom Haus ins Freie nutzen, lässt sich der Empfang deutlich verbessern, wenn der AV-Funkübertragungssender aufs Fensterbrett gestellt wird. Auf diese Weise lassen sich laut unseren Erfahrungen bis zu 300 Meter bei gutem Signal überbrücken. Bei geeigneter Topografie können auch größere Reichweiten erzielt werden.

4.2 Innenleben des Funkübertragungssenders freilegen

Einen externen Antennenanschluss sucht man an Sender und Empfänger vergebens. Da am Sender keinerlei Veränderungen vorgenommen werden dürfen, ist auch der nachträgliche Einbau einer Antennenbuchse unzulässig. Um der Versuchung, die Geräte umzubauen, vorzubeugen, sind ihre Gehäuse auch schwer zu öffnen. Bei vielen Modellen sucht man deshalb vergeblich nach Schrauben. Oft sind die Gehäuseschalen zusammengesteckt und mit Schraubendreher und Co. nur schwer zu öffnen. Dabei läuft man Gefahr, das Gehäuse und/oder die Elektronik zu demolieren. Schrauben sind, falls überhaupt vorhanden, hinter Aufklebern, unter Gummifüßen oder Ähnlichem versteckt.

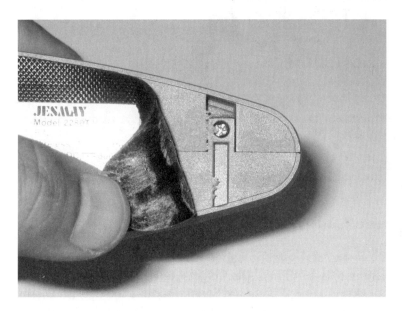

Bild 4.7 Möchte man die Gehäuse der AV-Funkübertragungssysteme öffnen, muss man erst nach Schrauben suchen. Gehäuse anderer Modelle sind zum Teil mit Schnappverschlüssen versehen und lassen sich nur sehr schwer öffnen.

Die Platine im Inneren wird vom gekapselten Gehäuse des Senderbausteins beherrscht. An ihm ist bei unserem Modell ein kurzes Drahtstück angelötet. Das ist die Sendeantenne. Bei ihr kann man von einer gleichmäßigen Signalausbreitung in alle Richtungen ausgehen. Man spricht in diesem Fall auch von der Rundstrahl-Charakteristik.

Bild 4.8   Innenleben eines AV-Funkübertragungssenders.

Bei Geräten mit schwenkbarer Antenne haben wir es unterlassen, das filigrane Gehäuse des Antennenteils zu öffnen. Die freigelegte Hauptplatine zeigt aber auch hier, dass lediglich ein Stück Draht am Sendermodul angelötet ist. Dieses führt lediglich durch eine kleine Bohrung ins schwenkbare Antennengehäuse. Da bei diesen Geräten das Ausrichten der Antennen sehr wohl die Übertragungsqualität beeinflusst, dürfte das Drahtstück wohl in einer Art Schlaufe angebracht sein.

5 Kopiergeschützte Sendungen legal aufzeichnen

Unverschlüsselt über Satellit und Kabel ausgestrahlte Programme, wie etwa ARD, ZDF und Privatsender, kann man ohne Weiteres auf VHS oder DVD aufzeichnen. Einschränkungen gibt es allerdings beim Pay-TV. Vor allem Inhalte, die via Pay-per-View oder Video-on-Demand bereitgestellt werden, sind üblicherweise mit einem Kopierschutzsignal versehen, das ihr Aufzeichnen unterbinden soll. Dabei handelt es sich meist um aktuelle Spielfilme, die noch nicht im »normalen« Pay-TV gezeigt werden.

Bild 5.1 Moderne Digitalrekorder, wie etwa DVD-Rekorder, erkennen kopiergeschützte Signale und zeichnen diese nicht auf.

Der aktive Kopierschutz trifft aber nicht nur verschlüsselte Inhalte, die gegen Entgelt angeboten werden, sondern kann uns auch bei Video-on-Demand-Inhalten allgemeiner Natur begegnen, so etwa bei IPTV, das über den Einzelabruf auch bereits vor wenigen Stunden oder Tagen ausgestrahlte TV-Sendungen bereithält. Dies können etwa Magazinsendungen, Sportberichterstattungen und so weiter sein. Nachdem diese Programmelemente auch kostenfrei angeboten werden können, rechnet man nicht unbedingt damit, dass sie sich ebenfalls nicht aufzeichnen lassen.

Vor allem bei Pay-Inhalten soll der Kopierschutz unberechtigte Vervielfältigungen wirkungsvoll unterbinden. Außerdem soll er dazu animieren, bereits gesehene Inhalte zu einem späteren Zeitpunkt erneut gegen Gebühr abzurufen.

Bild 5.2 Selbst die meisten Sendungen, die über diese Gratis-Video-on-Demand-Plattform geboten werden, sind kopiergeschützt und können nicht ohne Weiteres aufgezeichnet werden.

Versucht man, solche Sendungen auf Videokassette, DVD oder Festplatte aufzeichnen, scheitert man. Die Rekorder erkennen das kopiergeschützte Signal und brechen die Aufnahme sofort ab. So reagieren zumindest aktuelle DVD-, Festplatten- und digitale Videokassettenrekorder. VHS-Maschinen zeichnen das kopiergeschützte Signal zwar meist bis zum Schluss auf. Da es aber die Aufnahmeaussteuerungsautomatik durcheinanderbringt, kann man diese Sendungen nicht ansehen. Sie wechseln zwischen Farbe und Schwarz-Weiß, und das Bild kippt in kurzen Abständen.

Bild 5.3 Mit einem VHS-Rekorder aufgezeichnete kopiergeschützte Sendungen lassen sich nur mit starken Störungen wiedergeben.

Damit ist dem Wunsch, bestimmte Inhalte selbst archivieren zu können, ein Riegel vorgeschoben. Dennoch ist das häufig verschmerzbar. Immerhin werden heute über Pay-per-View ausgestrahlte Filme bereits wenige Monate später auch im normalen Pay-TV gezeigt, wo man sie dann aufzeichnen kann.

> **HINWEIS!**
>
> ### Pay-per-View
>
> Über Pay-per-View (PPV) bezahlt man für einzelne Sendungen, die man auf Bestellung gegen Gebühr sehen kann. Sie werden gemäß einem Sendeplan, genau so wie ein reguläres TV-Programm, beispielsweise über Satellit ausgestrahlt. Hat man ein solches Programm bestellt, kann man es nur ansehen, während es gerade ausgestrahlt wird.

Bild 5.4 Bei Pay-per-View werden die zu ordernden Programmelemente zu bestimmten Sendezeiten ausgestrahlt, zu denen sie auch angesehen werden müssen.

> **HINWEIS!**
>
> ### Video-on-Demand
>
> Auch bei Video-on-Demand (VoD) bezahlt man für einzelne Sendungen, die auf Bestellung gegen Gebühr freigeschaltet werden. Anders als bei PPV werden diese aber nicht wie ein reguläres Fernsehprogramm ausgestrahlt, sondern stehen auf Einzelabruf bereit. Der Zuschauer wählt aus einer Menüoberfläche das Event aus, das er gerade sehen möchte. Der georderte Film wird in der Regel für 24 Stunden freigeschaltet. Währenddessen kann der Zuschauer den Film anschauen, wann und sooft er will. Während der Wiedergabe kann er zudem beliebig vor- und zurückspulen oder auch die Pause-Taste drücken.

Bild 5.5 VoD-Inhalte werden über einen bestimmten Zeitraum zur individuellen Nutzung freigeschaltet.

5.1 Illegal kopieren? – Nein!

Nachdem kopiergeschützte Inhalte durchaus aufgezeichnet werden wollen, haben wir uns nach Möglichkeiten umgesehen, den Schutz zu umgehen. Diese Absicht ist zwar grundsätzlich illegal, allerdings nur, wenn man sich spezieller, extra dafür bestimmter Hilfsmittel wie sogenannter »Überspielverstärker« bedient. Die früher auch unter dem Namen Kopierschutzkiller bekannten Geräte sind schon seit Jahren verboten und dürfen auch nicht mehr vertrieben werden. Unter der Hand gibt es sie aber nach wie vor. Wir haben jedoch von diesen Geräten Abstand und bewusst nach legalen Möglichkeiten Ausschau gehalten.

5.2 So geht es auch auf legalem Weg

Typischerweise sind Receiver und Video- oder DVD-Rekorder über eine SCART-Leitung miteinander verbunden. Da diese auch das Kopierschutzsignal überträgt, erkennt es der Rekorder sofort und reagiert darauf. DVD- und Festplattengeräte brechen die Aufnahme ab, bei VHS ist sie, sofern sie nicht bereits nach Erkennen des Signals beendet wird, unbrauchbar. Zumindest digitale Rekorder informieren in einer Bildschirmeinblendung, dass das Aufzeichnen dieser Sendung nicht zulässig ist.

Videorekorder aller Art haben auch noch einen analogen TV-Tuner eingebaut. Deshalb bietet es sich an, ihnen das Signal auf altmodische Weise über das Antennenkabel zuzuführen. Während analoge Sat-Receiver noch durchweg UHF-Modulatoren, die die TV-Programme auch über das Antennenkabel ausgeben, eingebaut hatten, sind sie bei modernen Geräten längst Mangelware geworden. Deshalb findet man sie bei digitalen Sat-, Kabel- und DVB-T-Boxen nur noch in Ausnahmefällen vor. Gleiches gilt auch für IPTV-Receiver, die generell darauf verzichten.

Externe UHF-Modulatoren

Abhilfe können externe UHF-Modulatoren schaffen, die im Fachhandel zumindest auf Bestellung zu bekommen sind. Sie dienen beispielsweise dazu, das Signal eines Sat-Receivers oder auch DVD-Players an mehreren TV-Geräten zugänglich zu machen. Die dafür zu verlegenden Antennenkabel (Koaxialkabel) sind preiswert und lassen sich, im Gegensatz zu SCART-Kabeln, äußerst leicht auch über größere Distanzen installieren.

UHF-Modulatoren gibt es in mehreren Ausstattungsvarianten. Meist geben sie nur auf UHF-Frequenzen aus. Es gibt aber Modelle, die auch die Kabel-TV-Sonderkanäle mit berücksichtigen. Während einfache Modulatoren nur eine AV-Quelle entgegennehmen, sind in Geräten der Oberklasse bis zu zwei Modulatoren eingebaut, womit sich neben dem Sat-Receiver auch der DVD-Rekorder verteilen lässt. Die über UHF-Modulatoren erzielbare Bildqualität ist etwas geringer, als von SCART gewohnt. Jedoch ist der Unterschied zu vernachlässigen. Dafür bieten die Geräte Stereoton, der bei in den Receivern eingebauten Modulatoren durchweg fehlt.

Der Einsatz von UHF-Modulatoren ist im Übrigen legal. Nachdem wir unsere Aufnahmegeräte über einen Modulator mit dem Receiver verbunden haben, ist am Rekorder zunächst der Sendersuchlauf zu starten und der Modulatorkanal auf einen freien Programmspeicherplatz zu speichern. Das funktioniert aber nur bei eingeschaltetem Receiver. Allerdings führt die Modulatormethode nicht zum Ziel. Auch über sie erkennen unsere Rekorder das Kopierschutzsignal und reagieren entsprechend darauf.

PC-DVB-T-Empfänger

Bei unserem nächsten Versuch widmen wir uns dem PC. Für ihn gibt es DVB-T-Empfänger, meist in Form eines USB-Sticks, in zahlreichen Ausführungsvarianten. Während sehr preisgünstige Einsteigermodelle meist nur das digitale Antennenfernsehen empfangen, haben etwas höherwertige Modelle auch einen analogen Tuner und oft einen AV-Eingang an Bord. Er ist zwingend für unser Vorhaben erforderlich, womit sich nicht alle DVB-T-Sticks eignen.

Bild 5.6 Der linke und der mittlere DVB-T-Empfänger verfügen auch über einen AV-Eingang. Am rechten, sehr preiswerten Modell ist nur eine Antennenbuchse eingebaut.

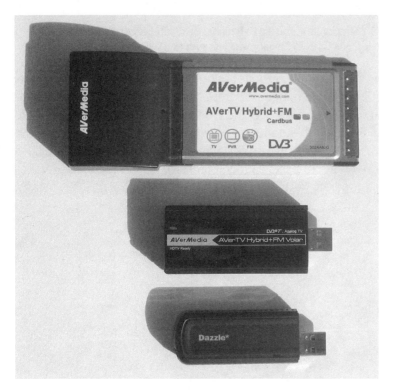

Bild 5.7 DVB-T-Empfänger gibt es für den PC in zahlreichen Ausführungsvarianten. Oben: PCMCIA-DVB-T-Empfänger, Mitte und unten: USB-DVB-T-Sticks.

1. Zum Anschließen des Sat- oder auch IPTV-Receivers ist lediglich ein SCART-Cinch-Adapterkabel zwischen Digitalbox und dem PC-DVB-T-Empfänger zu schalten. Da bei ihm der AV-Eingang nur mittels Cinch- und teilweise zusätzlich als S-Video-Buchse ausgeführt ist, kann man an ihm kein übliches SCART-Kabel direkt anschließen. Dazu wird ein SCART-Cinch-Adapterkabel benötigt, das an einem Ende einen SCART- und am anderen mehrere Cinch-Stecker hat.

Bild 5.8 An den DVB-T-Stick ist ein kurzes, im Lieferumfang enthaltenes Adapterkabel anzuschließen. Neben dem dreipoligen Cinch-AV-Eingang wird hier auch eine S-Video-Buchse geboten.

2. Je nach Ausführung des Kabels arbeitet es nur in eine Richtung oder in beide. Simple SCART-Cinch-Kabel haben nur drei Cinch-Stecker, je einen gelben für das Videosignal sowie einen weißen und einen roten für den linken und rechten Audiokanal. Solche Kabel genügen bereits, um dem DVB-T-Stick externe AV-Signale zuzuspielen. Wer es komfortabler will, nutzt ein voll bestücktes Kabel, das an einer Seite mit sechs Cinch-Steckern, wovon je drei als AV-Ein- oder -Ausgang fungieren, bestückt ist.

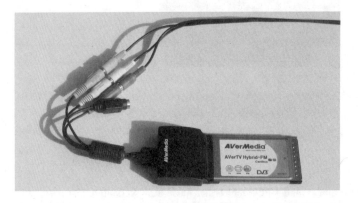

Bild 5.9 An den Adapter ist lediglich ein dreipoliges Cinch-Kabel zu stecken, das am anderen Ende am Receiver anzuschließen ist.

3. Alternativ zum Adapterkabel gibt es auch Adapterstecker. Sie sind die einfachere und kostengünstigere Variante. Vereinfacht gesagt, sind sie SCART-Stecker ohne Kabel. An der Rückseite des Steckergehäuses haben sie drei Cinch-Buchsen, je eine gelbe für Video sowie eine weiße und rote für Stereo-Audio, eingebaut. An sie kann man ein beliebiges dreipoliges Cinch-Kabel, wie es etwa für Videokameras genutzt wird, direkt anschließen.

Bild 5.10 Dazu kann etwa ein SCART-Cinch-Adapter dienen. Er besteht aus einem SCART-Stecker, der an seiner Rückseite drei Cinch-Buchsen, je eine für Video und den linken bzw. rechten Audiokanal, eingebaut hat. Je nach Schalterstellung fungieren sie als Ein- oder Ausgang. Da wir die AV-Signale vom Receiver zum DVB-T-Stick leiten wollen, ist der Wahlschalter auf »Ausgang« zu stellen.

4. Hat man kein dreipoliges Cinch-Kabel zu Hause, kann man sich auch zweier Hi-Fi-Stereoleitungen bedienen. Immerhin ist Cinch auch bei Stereoanlagen allgemeiner Standard. Da für das Audiosignal jedoch nur zwei Pole benötigt werden, sind zwei solcher Kabel erforderlich, wobei beim zweiten nur ein Pol benötigt wird.

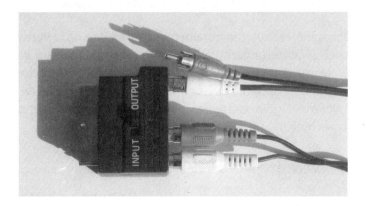

Bild 5.11 Hat man kein dreipoliges Cinch-AV-Kabel zur Hand, kann man stattdessen auch zwei zweipolige Cinch-Stereokabel nutzen, so wie sie an Hi-Fi-Anlagen Verwendung finden.

Nun eignen sich solche kleinen PC-DVB-T-Tuner nicht nur zum Livesehen von Fernsehprogrammen am Rechner. Ihre Menüoberflächen enthalten auch eine Aufnahmefunktion, mit der TV-Sendungen auf die Festplatte des Rechners gespeichert werden können.

5. Nachdem wir die Aufnahme am PC gestartet haben, rufen wir einen kopiergeschützten Inhalt mit dem Receiver auf. Während dieser zu laufen beginnt, zeichnet unser PC weiter brav auf. Wir werden weder mit einer Bildschirmeinblendung, die auf den Kopierschutz aufmerksam macht, konfrontiert, noch wird die Aufnahme vorzeitig abgebrochen. Damit lassen sich selbst die neuesten über Pay-per-View oder Video-on-Demand verbreiteten Kinoknüller aufzeichnen. Sie lassen sich in Folge auf DVD brennen und sind dann auf jedem DVD-Player oder -Rekorder abspielbar.

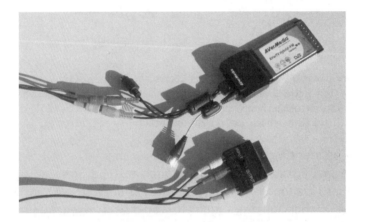

Bild 5.12 So kann eine Verkabelung zwischen PC-DVB-T-Empfänger und dem Receiver hergestellt werden. Sie ist die Basis, um etwa kopiergeschützte Sendungen aufzeichnen zu können.

Zum Aufzeichnen der kopiergeschützten Inhalte mussten an den dazu verwendeten Geräten keinerlei Veränderungen vorgenommen werden. Es kam auch keine spezielle Software zur Anwendung. Alle Geräte wurden entsprechend ihrem Auslieferungszustand eingesetzt. Es ist einfach so, dass unser PC-DVB-T-Tuner und die mitgelieferte Originalsoftware schlicht keine Kopierschutzsignale erkennen und so auch nicht auf sie reagieren.

Tolerante und intolerante PC-DVB-T-Empfänger

Nach unseren Erfahrungen reagieren jedoch nicht alle PC-DVB-T-Empfänger gleichermaßen tolerant auf von den Sendern ausgestrahlte Kopierschutzsignale.

Während unseren rund drei Jahre alten PCMCIA-Empfänger Kopierschutzsignale ab Werk kalt lassen, reagiert unser neuer DVB-T-USB-Stick des gleichen Herstellers, der ebenfalls über einen Analog-AV-Eingang verfügt, sehr wohl darauf. Mit ihm ist das Aufzeichnen kopiergeschützter Signale ebenso wenig möglich wie mit dem DVD- oder Videorekorder.

Ob ein PC-DVB-T-Empfänger auf Kopierschutzsignale reagiert oder nicht, lässt sich kaum vor dem Kauf feststellen. Entsprechende Hinweise fehlen auf den üblicherweise reichlich mit Funktionsbeschreibungen versehenen Verpackungen ebenso wie in den zugehörigen Handbüchern. Tatsächlich lässt sich ihre Eignung erst feststellen, nachdem man das Gerätchen schon zu Hause hat.

Die Wahrscheinlichkeit, dass ein PC-DVB-T-Empfänger nicht auf den Kopierschutz reagiert, steigt mit dessen Alter. Deshalb ist davon auszugehen, dass man mit älteren Modellen oder Softwareversionen besser bedient ist.

Nicht ganz unproblematisch ist der Einsatz von PCMCIA-DVB-T-Empfängern. Während diese Schnittstelle noch vor wenigen Jahren zur Basisausstattung eines jeden Notebooks gehörte, wurde sie inzwischen beinahe vollständig vom kompakteren Express-Einschub abgelöst. Mit anderen Worten: Hat man einen PCMCIA-Empfänger, der nicht auf kopiergeschützte Signale reagiert, kann man ihn nicht mehr in Geräten mit neuem Express-Slot verwenden.

5.3   Hohe Rechenleistung gefordert

Beim Aufzeichnen von TV-Sendungen werden Rechner mit hohen Datenmengen konfrontiert. Mit DVB-T-Signalen kommen sie durchweg klar und zeichnen sie anstandslos in bester Qualität auf. Spielt man ihnen über den DVB-T-Stick analoge Signale zu, müssen diese zuerst digitalisiert werden, was die Rechenleistung weiter beansprucht. Dadurch muss nach unseren Erfahrungen das Mitschneiden von extern zugespielten TV-Sendungen am Rechner nicht immer gelingen.

Vor allem betagtere Computer können dabei vom auftretenden Datenvolumen, das beim Fernsehen analoger Quellen über den DVB-T-Empfänger und beim zeitgleichen Aufzeichnen auf die Festplatte zu verarbeiten ist, überfordert sein. Diese Erfahrung haben auch wir mit unserem etwas älteren Notebook gemacht, das nach einer Aufnahmedauer ab rund einer bis längstens sechs Minuten abstürzte und neu gestartet werden musste. Andere Anwendungen waren währenddessen nicht in Betrieb. Mit neueren, mit größerer Rechenleistung ausgestatteten PCs treten diese Totalabstürze nicht auf.

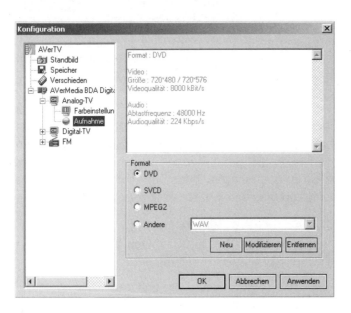

Bild 5.13 Nicht alle Rechner kommen mit dem besten Aufnahmemodus analoger externer AV-Quellen, die via DVB-T-Stick zugeführt werden, klar.

Das Datenaufkommen im Rechner lässt sich in den Aufnahmekonfigurationen in der Menüoberfläche des DVB-T-Empfängers verringern. In den Werkeinstellungen zeichnet unser PCMCIA-DVB-T-Empfänger analoge Zuspielungen mit 720 x 576 Pixeln, also in voller PAL-Auflösung, auf. In DVD-Qualität wird von unserem PC-DVB-T-Empfänger ein Datenstrom von 8 MBit/s bereitgestellt. Ist der Rechner damit überfordert, kann man in den Einstellungen auch geringere Qualitätsklassen wählen. So bietet unser Stick unter anderem auch einen MPEG-2-Modus, bei dem er lediglich mit 5 MBit/s arbeitet. Auch mit dieser Einstellung lassen sich bei noch voller TV-Auflösung sehr gute Resultate erzielen.

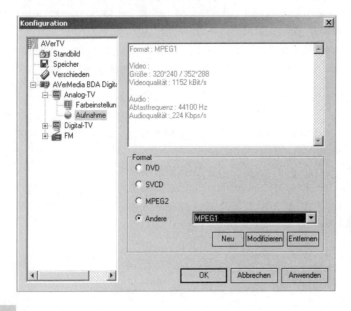

Bild 5.14 In den Menüeinstellungen kann man unter mehreren vorkonfigurierten Aufnahmemodi wählen. Das hier gezeigte MPEG-1 ist jedoch bestenfalls für Internetfilmchen geeignet. Ihre Bildqualität stellt nicht annähernd zufrieden.

Noch geringere Auflösungen, wie etwa SVCD oder MPEG-1, entsprechen kaum noch unseren Anforderungen. Je nach PC-Ausstattung ist zu ermitteln, mit welcher maximalen Videoqualität der Computer bei extern zugespielten analogen Quellen noch klarkommt. Sofern die Software des DVB-T-Sticks auch eine manuelle Konfiguration der Aufnahmequalität zulässt, findet sich hier eine ideale Spielwiese, auf der man die maximal möglichen Parameter, mit denen der Rechner gerade noch klarkommt, ermitteln kann. Das erfordert zwar etwas Zeit. Angesichts der Aussicht, dass diese Einstellungen dabei helfen, kopiergeschützte Sendungen am PC in möglichst hoher Güte aufzuzeichnen, lohnt sich der Aufwand allemal.

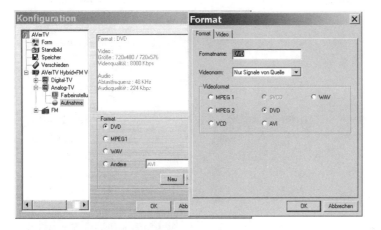

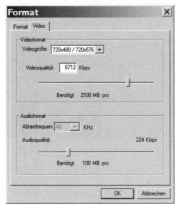

Bild 5.15   Unser PC-DVB-T-Empfänger erlaubt das manuelle Konfigurieren der Aufnahmequalität.

5.4 Wie gut ist die Bildqualität?

Die schönsten Aufnahmen ergeben sich, wenn das Signal nur wenig kompri-
miert wird. Zeichnet man eine kopiergeschützte Sendung mit einem geeigneten
DVB-T-Tuner am Computer auf, bleibt die vom Fernsehen gewohnte Qualität
jedenfalls im DVD-Modus erhalten. Die Datenrate von 8 MBit/s sorgt für brillante
Bilder mit scharfen Rändern, Schriften und feinen Details. Klötzchenbildungen
oder sonstige digitale Fehler treten nicht auf. Damit ist dieser Modus ideal, um
die so aufgezeichneten Sendungen dauerhaft auf DVD zu archivieren.

**Bild 5.16 Die beste Bildqualität erwartet uns im DVD-Modus. Mit 8 MBit/s sind keine Fehler im Bild
erkennbar.**

Kommt der Rechner mit der besten Bildqualität nicht klar, bieten sich etwas
weniger datenintensive Modi an, wie etwa das Aufzeichnen als MPEG-2-Stream
mit 5 MBit/s, das einen recht guten Kompromiss darstellt. Damit bewegen wir
uns immer noch auf hohem Niveau. Sichtbare Qualitätseinbußen halten sich in
Grenzen und sind nur bei genauem Hinsehen erkennbar. Sofern die Bedie-
nungsoberfläche des DVB-T-Sticks auch die individuelle Konfiguration der Auf-
nahmebetriebsart erlaubt, lässt sich etwa ein DVD-Modus mit etwas verringerter
Datenrate generieren. Damit können die Rechenleistung des PCs und die Daten-
menge optimal aufeinander abgestimmt werden.

Nur sehr geringe Ansprüche werden von der SVCD-Betriebsart befriedigt, das
nur noch mit einer Datenrate von 2,2 MBit/s arbeitet. Dabei wirkt das Bild im
Vergleich zu den höherwertigen Modi deutlich unruhiger. Während stand-
bildähnliche Szenen gut abgebildet werden, mangelt es an der exakten Wiedergabe von Bewegungen, die von einem Saum gut sichtbarer digitaler Artefakte

begleitet sind. Vor allem schnelle Bewegungen gehen in einem Meer von Klötz-chenbildungen unter und sind alles andere als ansehnlich. Sofern der Rechner nur Mitschnitte in SVCD-Auflösung verkraftet, kommt hier in erster Linie der do-kumentarische Charakter zum Tragen. Einen aktuellen Spielfilm wird man sich in dieser Qualitätsklasse kaum archivieren wollen.

Bild 5.17 Auch mit 5 MBit/s in MPEG-2 kann sich das Bild noch sehen lassen.

Bild 5.18 In der MPEG-1-Betriebsart wirkt das Bild generell etwas unruhig. Digitale Fehler sind vor allem an Rändern ersichtlich. Auch mit der Detailtreue steht es bei diesem mit 1,1 MBit/s aufgezeich-neten Film nicht zum Besten.

6 Wie viele Sendungen passen auf die Festplatte?

Festplattenreceiver gewinnen immer mehr Freunde. Es gibt sie vor allem für den digitalen Satellitenempfang, aber auch für DVB-T und das digitale Kabel. Sie erlauben, TV-Programme individueller zu genießen als je zuvor. Für sie spricht weiter, dass sie verlustfrei aufzeichnen. Auf Festplatte mitgeschnittene Sendungen entsprechen in Bild- und Tonqualität exakt der Live-Ausstrahlung. Außerdem vermögen sie als bislang einziges Speichermedium auch hochauflösendes Fernsehen aufzuzeichnen. Zuletzt sei der Dolby-Surround-Ton erwähnt, den DVD-Rekorder bestenfalls im Ein-Stunden-Aufnahmemodus speichern.

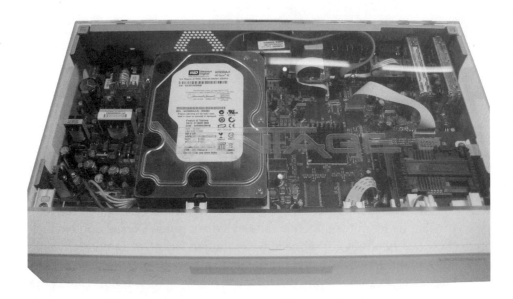

Bild 6.1 Vermehrt finden auch HDTV-Receiver den Weg in unsere Wohnzimmer, aber wie viel lässt sich auf ihren eingebauten Festplatten aufzeichnen?

Die eingebaute Festplatte hat einen entscheidenden Nachteil. Sie ist fest im Gerät eingebaut, womit sie sich, anders als von VHS-Kassetten oder DVDs gewohnt, nicht ohne Weiteres wechseln lässt, wenn sie voll ist. Die Festplattenaufnahmekapazität ist begrenzt. Aber wie viel passt darauf?

Bei der alten VHS-Kassette wurde die Aufnahmedauer durch die gleichmäßige Bandgeschwindigkeit bestimmt. Auf ein E240-Tape passen vier Stunden Video, im Longplay-Modus bei halbierter Geschwindigkeit das Doppelte. Der DVD-Rekorder wandelt die zugespielten analogen Signale in digitale Datenströme fixer Größe um. Damit lässt sich auch hier die Aufnahmezeit genau festlegen. Je nach DVD-Aufnahmemodus passen auf eine einschichtige Disc eine bis acht Stunden.

Bild 6.2 Festplatten bieten nur eine begrenzte Aufnahmekapazität. Sie variiert mit den aufzu-zeichnenden Sendern.

Beim digitalen Satellitenfernsehen kommen jedoch flexible Datenraten zum Einsatz. Für Standbilder mit wenigen Inhalten wird zur guten Darstellung eine geringe Datenrate benötigt, für schnelle Bewegungen wie etwa Kameraschwenks dafür umso mehr. Wie viele Daten pro Sekunde aufgezeichnet werden müssen, variiert demnach extrem. Damit lässt sich auch nicht sagen, wie viele Filme etwa auf einer 160-GByte-Platte Platz finden. Neben den Augenblickswerten variiert auch die durchschnittliche Datenrate bei den einzelnen Sendern. Je bessere Bildqualität sie bereitstellen, umso datenintensiver ist ihre Übertragung.

6.1 Gute Bildqualität beeinflusst Festplatten-laufzeit

Noch vor wenigen Jahren wurden auf einem digitalen Satellitentransponder im Durchschnitt an die zehn TV-Programme übertragen. Die so erreichbare Bildqualität war für klassische 72-cm-Fernseher völlig ausreichend. Mit zunehmender Verbreitung großer Flachbildschirme stieg jedoch die Unzufriedenheit der Zuschauer, die vor allem Unschärfen und Klötzchenbildungen bei feinen Details bemängelten. Sie resultieren aus durchweg zu geringen Datenraten. Inzwischen haben die Programmveranstalter jedoch darauf reagiert und zusätzliche Satellitenübertragungskapazitäten angemietet.

Die ARD-Qualitätsoffensive wurde beispielsweise erst im Sommer 2008 abge-schlossen. Neben den ARD-Programmen haben auch das ZDF und die größeren Privatsender in die Bildqualität investiert. Zu ihnen zählt etwa die ProSiebenSat1-Gruppe, die bereits seit Längerem mit deutlich besserem Bild »on air« ist. Aber selbst kleine Sender haben bereits reagiert. Zu nennen sind etwa Tele5 und DSF.

Die Verbesserung der Bildqualität ist übrigens nicht auf Deutschland begrenzt. Das österreichische und schweizerische Fernsehen haben entsprechende Maß-nahmen schon vor längerer Zeit getroffen. Die durchweg schöneren TV-Bilder sorgen zwar für mehr Fernsehspaß bei großen Bildschirmen, lassen aber auch die Aufnahmekapazität unserer Festplattenreceiver sinken.

Wie viele Stunden Fernsehen sich auf einer Festplatte speichern lassen, wird maßgeblich davon bestimmt, welche Programme aufgezeichnet werden sol-len. Obwohl viele Kanäle bereits mit hervorragender Qualität senden, gibt es nach wie vor genügend, die nur mit geringer Datenrate arbeiten. Sie liefern zwar ein vergleichsweise schlechtes Bild, erlauben dafür aber sehr lange Auf-nahmezeiten.

HINWEIS!

DVD-Festplattenrekorder sind anders

Sie arbeiten, anders als Digitalreceiver, mit fixen Datenraten, die sie selbst im Analog-Digital-Wandler generieren. Die Aufnahme-kapazität kann so minutengenau entsprechend der gewählten Qualitätsstufe errechnet werden. Dies trifft auf die Festplatte des DVD-Rekorders, aber auch auf die DVD als Speichermedium zu.

Da DVD-Rekorder digitale Fernsehsignale auf analogem Wege über die SCART-Buchse empfangen, müssen sie erst im Gerät digitalisiert werden. Das geht nicht ohne Verluste vonstatten. Damit zeichnen DVD-Rekorder Sat-TV-Signale in jedem Fall mit schlechterer Qualität auf als etwa ein Sat-Receiver mit einge-bauter Festplatte. Der Qualitätsunterschied ist allerdings nicht auszumachen, solange man am DVD-Gerät mit dem hochwer-tigsten Aufnahmemodus arbeitet und das TV-Bild von hoher Qualität ist.

Bild 6.3   DVD-Rekorder zeichnen mit fixen digitalen Datenraten auf Disc oder Festplatte auf. Dadurch lässt sich bei ihnen eine minutengenaue Spielzeit angeben.

6.2   Wie viel Datenkapazität benötigen die Sender?

Um das herauszufinden, haben wir eine Reihe von TV-Sendern für jeweils exakt 15 Minuten auf unsere Festplattenreceiver aufgezeichnet. Dabei wurden die wichtigen, aber auch kleine Spartensender berücksichtigt. Neben dem Ersten und dem ZDF haben wir mehrere dritte Programme sowie einen Querschnitt durch die deutschen Privatstationen, teils sogar auch mit den Lokalversionen für Österreich und die Schweiz, sowie einige Stationen aus dem benachbarten Österreich und Pay-TV-Kanäle unter die Lupe genommen.

Nachdem die Receiver per Datenleitung mit dem PC verbunden wurden, konnten wir so die exakte Größe aller Mitschnitte ermitteln. Diese Werte haben wir auf eine Aufnahmedauer von einer Stunde hochgerechnet. Dieser Wert dient dazu, die erreichbare Gesamtaufnahmezeit auf einer 160-GByte-Festplatte zu ermitteln. Daneben interessierte auch, wie viel Speicherplatz für einen 90-minütigen Spielfilm benötigt werden würde.

Die auf diese Weise ermittelten Daten sind jedoch nur als Richtwerte zu verstehen. Da beim Sat-TV mit variablen Datenraten gearbeitet wird, entscheiden die zu übertragenden Bildinhalte erheblich über das gerade auftretende Datenvolumen. Damit kann es auf jeder überprüften Station mal mehr, aber auch mal weniger sein. Deshalb sind die von uns ermittelten Werte nur als Richtwerte zu verstehen. Sie zeigen jedenfalls, mit welchem Datenaufkommen in etwa zu rechnen ist.

Die großen Sender

Vor allem das ARD- und das ZDF-Hauptprogramm sind mit sehr hohen Datenpolstern ausgestattet. Damit belegen sie innerhalb einer Stunde rund 3,6 GByte oder sogar etwas mehr. Teils spielen auch die dritten Programme der ARD in dieser Liga mit, wie am Beispiel des rbb nachzuvollziehen ist. Auch andere Dritte bewegen sich auf hohem Niveau und benötigen rund 3 GByte pro Stunde.

Etwas abgeschlagen präsentierte sich während unseres Tests nur der SWR, bei dem im hochgerechneten Beobachtungszeitraum nur an die 2 GByte anfielen.

Sehr gute Bildqualität und damit verbunden hohe Datenraten finden sich auch auf den Zusatzangeboten der deutschen öffentlich-rechtlichen Sender. Ihr Datenaufkommen bewegt sich bei rund 2,6 GByte pro Stunde. Ein vergleichbares Bild zeigt sich ebenfalls in Österreich, wo die öffentlich-rechtlichen ORF-Kanäle für ebenso hohes Datenaufkommen wie beim Ersten und dem ZDF sorgen.

Obwohl auch die großen deutschen Privatsender im Vergleich zu früher mit höheren Datenraten arbeiten, bewegen sie sich insgesamt doch auf etwas niedrigerem Niveau als die Hauptprogramme von ARD und ZDF. Sie nehmen mit etwa 2,2 bis 2,8 GByte doch schon wesentlich weniger Speicherplatz in Anspruch als manch anderer Kanal.

Die deutlichen Unterschiede im Datenaufkommen bei den drei Länderversionen von Pro Sieben und SAT1 scheinen sich durch die während der Aufnahmen, die zeitlich hintereinander erfolgten, unterschiedlichen Bildinhalte zu erklären. Dennoch zeigt sich auf allen Versionen ein grundsätzlich ausgewogenes Bild. Zeichnet man vorwiegend von den öffentlich-rechtlichen Hauptprogrammen auf, muss man sich mit relativ kurzen Festplattenlaufzeiten begnügen. Auf einer 160-GByte-Harddisk kann man diese Kanäle nur für rund 44 Stunden aufzeichnen.

Deutlich längere Aufnahmezeiten lassen sich bereits mit den Programmen »der zweiten Liga«, zu ihnen zählen wir die öffentlich-rechtlichen Zusatzkanäle, aber auch die großen Privaten, erzielen. Sie bewegen sich zwischen etwa 60 und 74 Stunden. Damit finden bis zu 15 Spielfilme mehr auf unserer Festplatte Platz.

Datenaufkommen von Sendern in Standardqualität

Programm	Datenvolumen einer 15:00-Minuten-Aufnahme	Speicherbedarf für 1 Stunde	Speicherbedarf für 90 Minuten	Aufnahme-kapazität bei einer 160-GByte-Festplatte
Das Erste	912,6 MByte	3,65 GByte	5,48 GByte	43,8 St.
ZDF	897,561 MByte	3,59	5,39 GByte	44,5 St.
Bayerisches Fernsehen Süd	710,596 MByte	2,81 GByte	4,26 GByte	56,9 St.
SWR BW	479,339 MByte	1,92 GByte	2,88 GByte	83,3 St.

Datenaufkommen von Sendern in Standardqualität

Programm	Datenvolumen einer 15:00-Minuten-Aufnahme	Speicherbedarf für 1 Stunde	Speicherbedarf für 90 Minuten	Aufnahmekapazität bei einer 160-GByte-Festplatte
NDR NDS	775,527 MByte	3,1 GByte	4,65 GByte	51,6 St.
rbb Berlin	895,983 MByte	3,58 GByte	5,38 GByte	44,6 St.
3sat	726,919 MByte	2,91 GByte	4,36 GByte	54,9 St.
Phoenix	665,790 MByte	2,66 GByte	3,99 GByte	60,1 St.
Eins Festival	646,297 MByte	2,59 GByte	3,88 GByte	61,7 St.
ZDF dokukanal	636,780 MByte	2,55 GByte	3,82 GByte	62,7 St.
ORF1	904,959 MByte	3,62 GByte	5,43 GByte	44,1 St.
ORF2 OÖ	908,361 MByte	3,63 GByte	5,45 GByte	44,0 St.
SAT1 Deutschland	556,122 MByte	2,22 GByte	3,34 GByte	72,0 St.
SAT1 Austria	674,180 MByte	2,7 GByte	4,05 GByte	59,2 St.
SAT1 Schweiz	604,266 MByte	2,42 GByte	3,63 GByte	66,1 St.
RTL Deutschland	530,634 MByte	2,12 GByte	3,18 GByte	75,4 St.
RTL2	467,732 MByte	1,87 GByte	2,81 GByte	85,5 St.
Super RTL	422,367 MByte	1,69 GByte	2,53 GByte	94,6 St.
Pro Sieben Deutschland	528,945 MByte	2,12 GByte	3,17 GByte	74,4 St.
Pro Sieben Austria	665,716 MByte	2,66 GByte	3,99 GByte	60,1 St.
Pro Sieben Schweiz	634,408 MByte	2,54 GByte	3,81 GByte	62,9 St.
Kabel 1 Deutschland	363,768 MByte	1,46 GByte	2,18 GByte	109,5 St.
VOX Deutschland	423,979 MByte	1,70 GByte	2,54 GByte	94,1 St.
Das Vierte	304,680 MByte	1,22 GByte	1,83 GByte	131,1 St.
Tele5	372,815 MByte	1,49 GByte	2,24 GByte	107,3 St.
Puls 4 Austria	355,388 MByte	1,42 GByte	2,13 GByte	112,6 St.
Comedy Central	411,127 MByte	1,64 GByte	2,47 GByte	97,5 St.
Eurosport	469,461 MByte	1,88 GByte	2,82 GByte	85,1 St.
imusic	333,410 MByte	1,33 GByte	2,00 GByte	120,3 St.

Datenaufkommen von Sendern in Standardqualität

Programm	Datenvolumen einer 15:00-Minuten-Aufnahme	Speicherbedarf für 1 Stunde	Speicherbedarf für 90 Minuten	Aufnahme-kapazität bei einer 160-GByte-Festplatte
GoTV	332,981 MByte	1,33 GByte	2,00 GByte	120,3 St.
tv.gusto	319,787 MByte	1,28 GByte	1,92 GByte	125,0 St.
tirol.tv	242,531 MByte	0,97 GByte	1,46 GByte	164,9 St.
Mallorca.TV	129,450 MByte	0,52 GByte	0,78 GByte	307,6 St.
Premiere 1	671,252 MByte	2,69 GByte	4,03 GByte	59,4 St.
Premiere 4	645,043 MByte	2,58 GByte	3,87 GByte	62,0 St.
Discovery Geschichte	523,436 MByte	2,09 GByte	3,14 GByte	76,5 St.
Disney Channel	515,407 MByte	2,06 GByte	3,09 GByte	77,6 St.

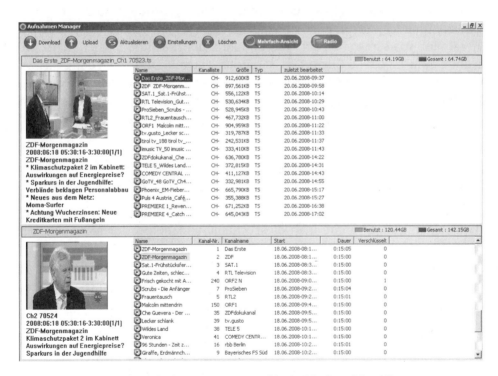

Bild 6.4 Dieser Screenshot verrät Ihnen ganz genau, welche Speicherkapazitäten die von uns getesteten Sender pro 15 Minuten belegen. Diese Listen beinhalten nur Programme in Standardauflösung.

Pay-TV-Sender

Auch Premiere verwöhnt seine Abonnenten mit überraschend guter Bildquali-tät. Pro Stunde fallen bei den von uns unter die Lupe genommenen Program-men rund 2,1 bis 2,7 GByte an Speichervolumen an. Das entspricht etwa dem gleichen Platzbedarf, wie ihn die öffentlich-rechtlichen Zusatzprogramme, aber auch die größeren Privatsender erfordern. Die Premiere-Spielfilm-Sender las-sen sich für rund 60 Stunden auf der Festplatte speichern. Bei anderen Sparten-sendern bewegen wir uns bei etwa 75 bis 80 Stunden.

Die von uns getesteten Pay-TV-Sender sorgten für höheres Datenaufkommen als erwartet. Bei ihnen geht die Speicherkapazität relativ schnell zu Ende.

Kleine Sender

Wie sehr gute Bildqualität und Aufnahmekapazität auf der Festplatte miteinan-der verbunden sind, zeigt sich vor allem bei kleineren Sendern. Zu ihnen rech-nen wir beispielsweise »Das Vierte«, Tele5, Comedy Central, Kabel 1 und Vox. Obwohl wir auch mit ihrer Bildqualität zufrieden sein können, gehen sie schon wesentlich sparsamer mit der Übertragungskapazität um. Sie erfordern pro Stunde rund 1,2 bis 1,5 GByte. Das ist mitunter nur ein Drittel von dem, was wir etwa für ARD, ZDF oder ORF benötigen. Da wundert es nicht, dass hier Spielzei-ten von rund 90 bis über 130 Stunden erreicht werden. Damit zeigt sich auch überaus deutlich, wie schwer es ist, die freie Datenkapazität einer Festplatte in Spielzeit in Stunden und Minuten auszudrücken.

Etwa auf diesem Niveau, wenngleich mit etwas großzügiger bemessener Über-tragungskapazität, präsentieren sich auch Kabel 1 und Tele5.

Sehr kleine Spartensender, wie tv.gusto, senden mit vergleichsweise geringer Bildqualität. Damit könnte man diesen Kanal annähernd dreimal länger auf Festplatte aufzeichnen als ARD oder ZDF.

Die ganz kleinen Stationen

Da sie nur über kleine Budgets verfügen, haben kleine Stationen auf den Satel-liten auch nur geringe Übertragungskapazitäten gebucht. Damit fällt ihr Speicherbedarf kaum ins Gewicht. Als Beispiele haben wir den Lokalsender tirol.tv und den Tourismuskanal Mallorca.TV ausgewählt. Der österreichische Kleinsender bringt es pro Stunde annähernd auf 1 GByte, womit er bis zu 164 Stunden lang aufgezeichnet werden könnte. Unser spanischer Kanal überträgt überwiegend Szenen mit wenigen Bewegungen. Damit reichen ihm etwa 0,5 GByte pro Stunde, was rund 307 Stunden auf unserer Festplatte bedeutet. Im Vergleich zu ARD und ZDF können wir somit Mallorca.TV rund siebenmal länger mitschneiden.

Und HDTV?

Hochauflösenden Sendern wird nachgesagt, dass sie für extrem hohes Datenaufkommen sorgen und sich im Vergleich zu Kanälen in Standardauflösung nur wenige Sendungen auf der Festplatte archivieren lassen. Grund genug, uns auch mit dieser Thematik zu befassen. Die in Deutschland nicht verfügbaren Kanäle ORF1HD und HD Suisse bestätigen diese Aussage voll und ganz. Der österreichische HD-Kanal belegt pro Stunde rund 5,9 GByte. Damit lässt er sich für rund 27 Stunden mitschneiden. Mit an die 6,8 GByte pro Stunde benötigt das schweizerische Programm mehr Speicherkapazität als alle anderen von uns getesteten Sender. Unsere 160-GByte-Platte reicht da nicht einmal für 24 Stunden hochauflösendes Video.

Bild 6.5 Das schweizerische HD-Programm sendet mit den höchsten Datenraten der von uns getesteten Stationen. Auf einer 160-GByte-Platte können wir von diesem Sender nur 15 Spielfilme à 90 Minuten aufzeichnen.

Auf Platz drei finden wir den Astra HD Demokanal, auf dem es außer schönen »HD-Promofilmchen« leider nichts zu sehen gibt. Mit rund 4,2 GByte belegt auch er deutlich mehr als die besten Sender in Standardauflösung. Das Programm lässt sich für rund 38 Stunden mitschneiden.

Bild 6.6 ORF1HD bietet nur hochskaliertes Material an. Die Bildqualität profitiert jedenfalls davon, aber auch das Datenaufkommen ist enorm.

Überrascht waren wir von Melody Zen, der auf 9° Ost mit stimmungsvoller Musik untermalte Landschaftsaufnahmen zeigt. Obwohl die Inhalte nur wenig Bewegung zeigen, ist der Speicherbedarf nur unwesentlich geringer als beim Astra-Promosender. Damit fasst unsere Festplatte Melody Zen für rund 38,5 Stunden.

Für Überraschungen der etwas anderen Art sorgten Luxe TV HD und Anixe HD. Sie belegen mit rund 3,0 bzw. 2,7 GByte um einiges weniger an Speicherplatz als etwa ARD oder ZDF. Mit rund 52,5 bzw. 59 Stunden sorgen diese Sender für eine um bis zu 15 Stunden längere Laufzeit.

Name ▲	Größe	Typ	Geändert am
Estival Jazz Lugano 2007 - Jo...	6 KB	HMT-Datei	20.06.2008 07:03
Estival Jazz Lugano 2007 - Jo...	1.910 KB	NTS-Datei	20.06.2008 07:03
Estival Jazz Lugano 2007 - Jo...	1.150.812 KB	TS-Datei	20.06.2008 07:35
ASTRA HD Demokanal_200806...	5 KB	HMT-Datei	20.06.2008 17:37
ASTRA HD Demokanal_200806...	963 KB	NTS-Datei	20.06.2008 17:37
ASTRA HD Demokanal_200806...	701.406 KB	TS-Datei	20.06.2008 17:54
EURO 2008_ Viertelfinale_ Kro...	5 KB	HMT-Datei	20.06.2008 19:00
EURO 2008_ Viertelfinale_ Kro...	1.872 KB	NTS-Datei	20.06.2008 19:00
EURO 2008_ Viertelfinale_ Kro...	982.541 KB	TS-Datei	20.06.2008 19:28
MelodyZen HD_20080620_224...	1 KB	HMT-Datei	21.06.2008 03:13
MelodyZen HD_20080620_224...	1.870 KB	NTS-Datei	21.06.2008 03:13
MelodyZen HD_20080620_224...	692.166 KB	TS-Datei	21.06.2008 03:30
LUXE_TV HD_20080620_1924....	1 KB	HMT-Datei	20.06.2008 20:10
LUXE_TV HD_20080620_1924....	937 KB	NTS-Datei	20.06.2008 20:10
LUXE_TV HD_20080620_1924.ts	506.125 KB	TS-Datei	20.06.2008 20:22

Bild 6.7 Diese Tabelle zeigt das Datenaufkommen einiger HD-Kanäle. Jeder Mitschnitt setzt sich aus drei Dateien zusammen. Die Aufnahmezeit betrug jeweils 10 Minuten. Die Sender von oben nach unten: HD Suisse, Astra HD Demokanal, ORF1HD, Melody Zen und Luxe TV.

Datenaufkommen von Programmen in HDTV-Qualität

Programm	Datenvolumen einer 15:00-Minuten-Aufnahme	Speicherbedarf für 1 Stunde	Speicherbedarf für 90 Minuten	Aufnahme-kapazität bei einer 160-GByte-Festplatte
ORF1HD	1.473,812 MByte	5,9 GByte	8,84 GByte	27,1 St.
HD Suisse	1.692,513 MByte	6,77 GByte	10,16 GByte	23,6 St.
Anixe HD	678,386 MByte	2,71 GByte	4,07 GByte	59,0 St.
Luxe TV HD	759,188 MByte	3,04 GByte	4,56 GByte	52,6St.
Melody Zen	1.038,249 MByte	4,15 GByte	6,23 GByte	38,5 St.
Astra HD Demokanal	1.052,109 MByte	4,21 GByte	6,31 GByte	38,0 St.

HINWEIS!

Besser eine Festplatte, die größer als 160 GByte ist

Für unsere Untersuchungen haben wir bewusst eine für heutige Verhältnisse kleine Festplatte ausgewählt. 160 GByte gelten derzeit als Mindestmaß dessen, was in Festplatten-Sat-Receivern eingebaut wird. Sie sind auch in preiswerteren HDTV-Receivern zu finden. Wie unser Test belegt, sorgen diese kleinen Platten nur für geringe Aufnahmezeiten. Wesentlich besser beraten ist man beispielsweise mit 320-, 500- oder 750-GByte-Platten. Allein auf einer 500er-Platte kann man rund dreimal so lang aufzeichnen wie auf einer 160-GByte-Festplatte. Größere Festplatten sind hier also schon sinnvoll.

6.3 Auf den Übertragungsweg kommt's an

Wie viele Stunden man auf einer Festplatte aufzeichnen kann, wird nicht nur von der Größe des im Receiver eingebauten Datenspeichers und der Bildqualität der Sender bestimmt, sondern auch vom Empfangsweg. Festplattenreceiver gibt es ja nicht nur für das digitale Satellitenfernsehen, sondern auch für DVB-T und das digitale Kabel. Vor allem DVB-T sendet mit durchweg geringerer Datenrate als der Satellit. Außerdem schwanken die verwendeten Datenraten zwischen den einzelnen DVB-T-Programmen im Gegensatz zum Satelliten weniger. Wegen der geringen DVB-T-Datenraten sind DVB-T-Festplattenreceiver meist auch nur mit kleinen Festplatten bestückt. Ihre Aufnahmekapazität ist dennoch mit etwa doppelt so großen Platten in Sat-Receivern vergleichbar.

7 Cinch-Buchsen selbst nachrüsten

Vor allem preiswertere DVB-T-Boxen oder VHS-Rekorder neueren Datums besitzen meist nur zwei SCART-Buchsen. Sie erfüllen damit lediglich die Mindestanforderungen, wenn es darum geht, sie in eine AV-Anlage vollwertig zu integrieren. Oft wäre ein weiterer AV-Ausgang wünschenswert. Zumindest Cinch-Audiobuchsen für den Anschluss an eine Hi-Fi-Anlage gehören eigentlich zur Standardausstattung einer jeden DVB-T-Box und den meisten Hi-Fi-Videorekordern. Während der letzten Jahre hat sich zudem die Cinch-Videobuchse etabliert. Sie ist beispielsweise hilfreich, wenn an den Receiver neben dem Fernseher und Videorekorder auch ein Beamer angeschlossen werden soll.

Benötigt man einen zusätzlichen nicht im Gerät eingebauten AV-Ausgang, bieten sich gelegentlich gesichtete Spezial-SCART-Kabel an, bei denen an einem SCART-Stecker ein zweites Kabel mit zumindest Cinch-Audiosteckern herausgeführt wird. Da diese Kabel nur eine begrenzte Länge haben, fordern sie, dass Fernseher und Hi-Fi-Verstärker nebeneinander aufgestellt werden.

Eine weitere Lösungsvariante ergibt sich mit SCART-Cinch-Kabeln. Diese haben an ihren Enden je einen SCART- und mindestens drei Cinch-Stecker. Am Cinch-Ende kann man Cinch-T-Stücke nutzen, womit der AV-Ausgang sozusagen verdoppelt wird. An die für jeden Leitungsstrang, also den linken und rechten Audiokanal sowie Video, benötigten T-Stücke kann man mit einer Cinch-Leitung die Verbindung zum AV-Verstärker herstellen oder auf direktem Wege neben dem VHS- auch einen DVD-Rekorder anschließen.

Mit SCART-Cinch-Kabeln, die auf der Cinch-Seite auch einen AV-Eingang haben, kann man zum Beispiel einen zweiten Receiver an den Videorekorder anschließen. Anstelle der SCART-Cinch-Kabel kann auch ein SCART-Steckeradapter wertvolle Dienste leisten, der an seiner Rückseite drei meist schaltbare Cinch-Buchsen eingebaut hat. Mit ihm kann man die Cinch-Leitung an einer der rückwärtigen SCART-Buchsen des Fernsehers anschließen. Zugegeben, diese Lösungsvariante ist nicht gerade elegant. Was für uns aber wesentlich wichtiger ist: Sie funktioniert.

Bild 7.1 SCART-Cinch-Adapterstecker können gemeinsam mit sogenannten Cinch-T-Adapterkabeln helfen, einen vorhandenen Anschluss sozusagen zu verdoppeln.

7.1 Nachträglicher Einbau von Cinch-Buchsen

Bei den zuvor beschriebenen Kabellösungen wurden sozusagen die einzelnen Signale des SCART-Steckers einfach verdoppelt. Was extern funktioniert, bietet sich demnach auch für eine Nachrüstlösung an, bei der wir einfach die Cinch-Buchsen selbst im Gerät einbauen. Die Idee dabei ist, das Stereo-Audio- und Videosignal einfach vom Geräteinneren der Cinch-Buchse abzugreifen. Auf diese Weise lässt sich ein Cinch-AV-Ein- oder -Ausgang oder sogar beides realisieren. Während bei einfachen Receivern meist ein zusätzlicher Ausgang reichen wird, ist bei VHS-Maschinen häufig ein weiterer Eingang wünschenswert.

Dieses Werkzeug benötigen Sie

Je nach den im Gerät verwendeten Schrauben werden verschiedene Schlitz- und Kreuzschraubendreher kleiner bis mittlerer Größe gebraucht. Weiter benötigen Sie:

Schiebelehre, Anschlagwinkel, Anreißnadel, Körner, Seitenschneider, Abisolierzange, Lötkolben mit einer Leistung bis rund 40 Watt, Lötzinn, 8-mm-Schraubenschlüssel (kann variieren), Bohrmaschine, ca. 3- und 5,7-mm-Bohrer, Senker sowie einen Schraubstock.

Vorgehensweise Schritt für Schritt

Bevor Sie zur Arbeit schreiten, trennen Sie das Gerät vollständig vom Netz und vom TV- bzw. Videogerät. Da Teile des Netzteils (Kondensatoren) elektrische Energie auch noch für einige Zeit nach dem Ausstecken speichern, empfiehlt es sich, ein wenig zu warten. Das hilft, die Unfallgefahr zu minimieren.

Wir haben verschiedene DVB-T-Boxen einer genauen Betrachtung unterzogen und uns entschlossen, die Vorgehensweise am Beispiel der DVB-T-Box Strong SRT 5502 zu zeigen. Details, etwa das Öffnen des Gehäuses, variieren von Gerät zu Gerät. Beim wesentlichen Punkt, dem Einbau der Cinch-Buchsen, ist bei allen Boxen auf gleiche Weise vorzugehen. Am Beispiel unseres Strong zeigen wir aber auch, dass es nicht nur bei dieser Box auf Kleinigkeiten zu achten gilt, die letztendlich über den Erfolg unseres Vorhabens entscheiden.

Garantieverlust bei beschädigtem Siegel

Verschiedene Geräte sind mit einem Siegel vor unberechtigtem Öffnen geschützt. Ist es beschädigt, erlischt der Garantieanspruch. Dieser erlischt grundsätzlich, sobald man selbst Hand an das Gerät legt, was auch für den Selbsteinbau von Cinch-Buchsen zutrifft.

Bild 7.2 Verschiedene Geräte sind mit einem Siegel versehen, das das unberechtigte Öffnen verhindern soll. Bei gebrochenem Siegel besteht kein Garantieanspruch mehr.

1. Geht es vorerst einmal nur darum, das Gerät öffnen zu wollen, um sich selbst ein Bild vom Innenleben zu machen, lässt sich das Siegel dennoch häufig entfernen, ohne es zu beschädigen. Es klebt nämlich nicht immer fest an allen Stellen des Gehäuses. Hier kann man versuchen, es mit einer Messerspitze oder einem kleinen Schlitzschraubendreher vorsichtig anzuheben. Gelingt dies, kann man es so weit zurückbiegen, bis ein bequemes Abnehmen des Gehäusedeckels möglich ist. Das Siegel sollte teilweise abgenommen werden, bevor die Schrauben des Gehäusedeckels gelockert werden.

Bild 7.3 Das Siegel lässt sich mit etwas Feingefühl gelegentlich etwa mit einem kleinen Schlitzschraubendreher abheben.

2. Nachdem das Gerät geöffnet wurde, machen wir uns einmal mit dem Innenleben vertraut und eruieren den idealen Einbauort für unsere Cinch-Buchsen.

Selbst wenn von außen bereits der optimale Platz gefunden scheint, ist zu überprüfen, ob sich dieser auch unter Berücksichtigung des Innenlebens der Box eignet.

Bild 7.4 Ist das Gerät geöffnet, machen wir uns erst mal mit dem Innenleben vertraut ...

Von älteren Videorekordern oder auch Sat-Receivern hat man noch in Erinnerung, dass hier die Innenseite der SCART-Buchsen frei zugänglich ist. Bei modernen Geräten, egal ob bei DVB-T-Boxen oder Sat-Receivern und DVD-Playern aller Preisklassen, findet sich jedoch eine Metallabschirmung, die die Rückseite der Buchse vollständig umschließt und auch an der Platine angelötet ist. Dadurch ist es nicht möglich, die Kabel für die Cinch-Buchsen direkt an der SCART-Buchse anzulöten.

Bild 7.5 ... und eruieren den idealen Einbauort für die Cinch-Buchsen. Bei unserer Box empfiehlt sich, von innen gesehen, die rechte Seite der Rückwand.

3. Moderne SCART-Einbaubuchsen sind aus einem Stück gefertigt und an der Platine aufgelötet. Die Lötpunkte, die uns auch die Möglichkeit geben, gerade hier zusätzliche Leitungen anzulöten, befinden sich an ihrer Unterseite. Die Platine ist also auszubauen. Dazu sind alle Schrauben, mit denen sie am Gehäuse befestigt ist, zu lösen. Üblicherweise wird dafür ein Kreuzschraubendreher mittlerer Größe benötigt. In der Regel sind auch sämtliche Stecker und Buchsen, die an der Platine fix angebaut sind, an der Geräterückseite angeschraubt. Es sind also auch die Schrauben, mit denen etwa die SCART-Buchsen oder die Anschlüsse des Tuners rückseitig arretiert sind, zu entfernen. Eventuell eingebaute RS-232-Schnittstellen können mit den beiden Sechskantstiften befestigt sein.

Bild 7.6   Bei modernen Geräten sind die SCART-Buchsen mit einer Metallabschirmung, die sich auch nicht ohne Weiteres abnehmen lässt, versehen.

4. Nachdem alle Schrauben gelöst sind, ist vorsichtig zu überprüfen, ob die Platine an irgendeiner Stelle nicht doch noch angeschraubt ist. Das geht am einfachsten, indem man versucht, sie behutsam anzuheben.

5. Ob nun die Platine bereits herausgenommen werden kann, hängt vom Geräteaufbau ab. Bei verschiedenen Receivern finden wir im Inneren zwei nebeneinander eingebaute Platinen, je eine für das Netzteil und die eigentliche Empfangselektronik. Sie sind durch mehrere, meist steckbare Drahtbrücken miteinander verbunden.

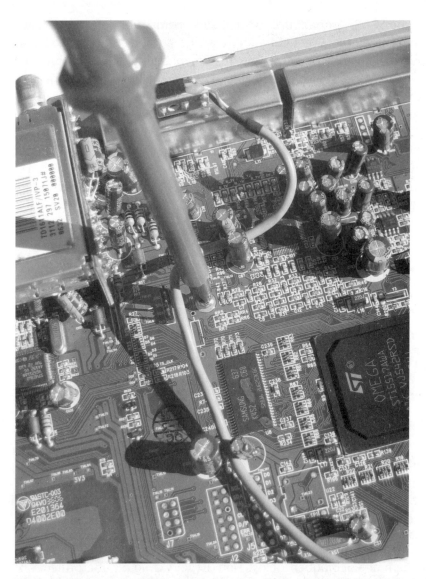

Bild 7.7 Zum Ausbauen der Platine sind alle Schrauben, mit denen sie am Gehäuse befestigt ist, mit einem Kreuzschraubendreher zu lösen.

Auch das Display und die Bedienelemente an der Gerätefront sind meist über eine Drahtbrücke mit der Hauptplatine verbunden. Alle diese Leitungen sind von der Hauptplatine abzuziehen. Da üblicherweise alle Kabel mit unverwechselbaren Steckern ausgestattet sind, können sie später beim erneuten Anschließen nicht irrtümlich auf falsche Kontakte aufgesetzt werden.

Bild 7.8 SCART- oder Digitalaudiobuchsen und andere sind üblicherweise fest mit der Platine verbunden. Sie sind an der Geräterückseite angeschraubt. Auch diese Schrauben sind beim Ausbauen der Platine zu lösen.

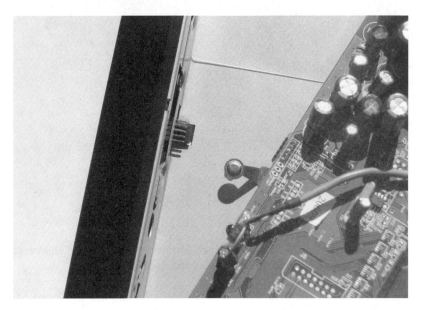

Bild 7.9 Unser Strong-Receiver überrascht uns mit einer anfangs gar nicht sichtbaren Steck-verbindung zur Hauptplatine. Meist erfolgt deren Anspeisung über Kabel, die an der frei zugänglichen Seite der Platine angesteckt sind.

6. In unserer Box finden wir keine solchen Drahtbrücken. Der vordere Bedienteil ist über eine fixe Steckverbindung, die anfangs für uns noch unsichtbar auf der Unterseite der Platine angebracht ist, verbunden. Damit diese eher filigran ausgeführte Steckverbindung keinen Schaden nimmt, wäre die Platine behutsam nach rückwärts abzuziehen und erst dann aus dem Gehäuse herauszuheben. Da bei unserer Box die Platine bereits an der Geräterückseite ansteht, ist das erst einmal gar nicht möglich.

Hier erweist sich für die weiteren Arbeitsschritte als besonders praktisch, dass die Rückseite ebenfalls an der Gehäusebodenplatte angeschraubt ist. Nachdem die Schraube gelockert wurde, ist sie abnehmbar. Allerdings nicht ganz! Denn der Gerätehauptschalter ist, zumindest bei unserem Receiver, fix eingebaut. Damit bleibt eine lose, aber nicht weiter störende Verbindung mit der Hauptplatine bestehen.

Bild 7.10 Bei unserer Box lässt sich die Platine nur herausnehmen, nachdem auch die Rückwand entfernt wurde. Bei anderen Boxen ist das meist nicht erforderlich.

7. Bei vielen Receivern sind Gehäuseboden und -rückseite aus einem Stück gefertigt. In dem Fall ist die Platine meistens leicht herauszuheben, indem sie etwas nach vorn geschoben wird. Ist dies nicht möglich, sollte die Gerätefront abnehmbar sein. Sie kann an der Grundplatte angeschraubt oder mit Schnappverschlüssen befestigt sein.

Bild 7.11 Ausgebaute Platine.

7.2 SCART-Grundlagen

SCART ist ein 21-poliges Steckverbindungssystem, das unter anderem qualitativ hochwertige AV-Verbindungen zulässt. So wird etwa das Videosignal als gesamtes (FBAS) und in seinen Grundkomponenten zerlegt übertragen. Jedem Signal ist ein PIN zugeordnet.

Bild 7.12 Am deutlichsten sind die Pin-Beschriftungen bei gutem Licht zu erkennen. Wir haben unseren SCART-Stecker nur zerlegt, um die Beschriftung besser fotografieren zu können.

An SCART-Buchsen finden sich in der Regel keine Pin-Beschriftungen. Sie sind aber so gut wie immer an den Steckern der SCART-Kabel nachzulesen. Hält man den Stecker so, dass linksseitig die abgewinkelte und zum Teil in einem spitzen Winkel verlaufende Schmalseite liegt, erkennen wir auf der oberen Kontaktreihe ausschließlich ungerade Pin-Zahlen, die, entgegen der Leserichtung, rechts mit 1 beginnen und links mit 19 enden. In der zweiten Reihe sind ebenfalls von rechts nach links die geraden Pin-Zahlen von 2 bis 20 angeordnet. Pin 21 ist der alle Kontakte umgebende Metallrahmen.

Bild 7.13 Die einzelnen Pins des Kabels lassen sich sinngemäß auf die SCART-Buchse übertragen. Hier könnte auch eine einfache Skizze weiterhelfen.

SCART-Buchsenbelegung

Signal	Pin-Nummer
Audio rechts Ausgang	1
Audio rechts Eingang	2
Audio links Ausgang	3
Audio Masse	4
Blau Masse	5
Audio links Eingang	6
Blau Signal	7
Schaltspannung	8
Grün Masse	9
Datensignal	10

SCART-Buchsenbelegung

Signal	Pin-Nummer
Grün Signal	11
Datensignal	12
Rot Masse	13
Daten Masse	14
Signal	15
Austastsignal	16
Video Masse	17
Austastsignal Masse	18
Video Ausgang	19
Video Eingang	20
Steckerabschirmung	21

Für uns von Interesse ist einmal Pin 19. Er überträgt das FBAS-Videoausgangssignal, so wie es auch bei einer original eingebauten gelben Cinch-Videobuchse bereitgestellt wird. Weiter benötigen wir noch Pin 3 für den linken und Pin 1 für den rechten Audiokanal. Ihnen sind die Buchsenfarben Weiß und Rot zugeordnet.

Wie weitgehend bekannt, besteht ein geschlossener Stromkreis aus zwei Leitungen. Die Rückleitung erfolgt über den Massekontakt einer jeden Cinch-Buchse. Auch die SCART-Verbindung sieht mehrere Masse-Pins vor, wie etwa Pin 4 für die Audiomasse. Er zeigt bereits, dass ein gemeinsamer Pin für den linken und rechten Audiokanal ausreicht. Die Videomasse finden wir auf Pin 17. Außerdem hält SCART weitere Massekontakte bereit, die für uns aber nebensächlich sind. Alle Massekontakte der SCART-Buchse sind nicht nur untereinander, sondern, sofern ein Metallgehäuse vorhanden ist, auch mit diesem verbunden.

Damit kämen wir, vereinfacht ausgedrückt, mit einer einzigen Masseleitung aus. Grundlos sind die vielen Massekontakte jedoch nicht. Sie erlauben beispielsweise, geschirmte Kabel zu nutzen und so die Einstrahlung äußerer Störquellen zu unterbinden. Solche Kabel sind eng mit dem Aufbau von Antennenkoaxialkabeln verwandt. Sie sind allerdings wesentlich dünner ausgeführt. Ihr Mittelleiter ist mit Pin 19 (Videoausgangssignal) zu verbinden. Der Schirm des Kabels ist mit Pin 17 zu verbinden. Sinngemäß gilt das Gleiche auch für die Audioleitungen.

Es stellt sich die Frage, ob geschirmte Leitungen überhaupt erforderlich sind. Immerhin verzichtet man bei fix eingebauten Cinch-Buchsen auch darauf. Allerdings beträgt bei denen der nicht geschirmte Leitungsweg weniger als 2 cm, während bei den von uns zu verlegenden Kabeln, zumindest bei unserer Box, eine durchschnittliche Leitungslänge von 14 cm anfällt. Wir meinen, dass der Einsatz eines Koaxialkabels für den Einbau von Cinch-Buchsen nicht unbedingt erforderlich ist. Sollten sich mit einfachen flexiblen Leitungen dünnen Querschnitts dennoch Beeinträchtigungen bei Bild und/oder Ton einstellen, kann man sie später immer noch gegen geschirmte Leitungen austauschen. Beeinträchtigungen würden sich im Übrigen nicht nur an den selbst eingebauten Cinch-Buchsen, sondern auch über SCART bemerkbar machen.

Bild 7.14 Bei fix eingebauten Cinch-Buchsen beträgt der ungeschirmte Leitungsweg weniger als 2 cm und ist verschmerzbar.

Zugeordnete Lötpunkte auf der Rückseite der Platine

Sehen wir uns die Rückseite der Platine genauer an, erkennen wir unterhalb der SCART-Buchsen die ihnen zugeordneten Lötpunkte. An ihnen sind die einzelnen Pins angelötet. 20 Pins sind bei unserem Testgerät an der Platine mit runden Lötaugen ausgeführt. Pin 21, er entspricht der Steckerabschirmung, hat eine quadratische Form. Grundsätzlich sollte es bereits jetzt möglich sein, die benötigten Lötpunkte zu lokalisieren. Da hier jedoch das Fehlerpotenzial sehr hoch ist, empfehlen wir, sie mit einem Ohmmeter oder Durchgangsprüfer festzustellen. Der Einfachheit halber stecken wir an die SCART-Buchse ein SCART-Kabel.

Das hat einerseits den Vorteil, dass die Pins mit den Messspitzen leicht zugänglich sind, andererseits sind hier die Pins bereits beschriftet, womit die Verwechslungsgefahr weitgehend ausgeschaltet werden kann. Zuerst ist eine Messspitze an Pin 1 des SCART-Steckers anzuhalten.

Bild 7.15 An der Rückseite der Platine sind die Lötpunkte der SCART-Stecker leicht zugänglich. Da sie auch ziemlich groß sind, stellen sie uns später beim Löten vor keine große Herausforderung.

Gleichzeitig sind mit der zweiten Messspitze die Lötpunkte an der Platine so lange Stück für Stück zu berühren, bis das Ohmmeter einen Durchgang signalisiert. Er kann optisch, etwa mit 0,xx Ohm, und/oder akustisch mit einen Piepton signalisiert werden. Der gefundene Pin ist auf der Platine unverwechselbar mit einem Schreiber zu markieren. Man kann ihn sich auch einfach merken oder auf einem Blatt Papier in eine Skizze eintragen.

Bild 7.16   Ermittlung der benötigten Pins mit einem Multimeter (Ohmmeter).

7.3 Einbau der Cinch-Buchsen ins Gehäuse

1. Als Erstes sind die benötigten Leitungen, sie müssen isoliert sein, für die drei einzubauenden Buchsen in der Länge zu konfektionieren. Für unseren Receiver werden rund 14 cm benötigt. Das reicht, um die Kabel an der Unterseite der Platine bis an den Geräterand zu führen. Dort finden wir genügend Platz, um sie nach oben zu fädeln und anschließend an den Buchsen anzulöten. Da in der Box mehr als genug Platz ist, entscheiden wir uns für etwas Überlänge. Mit rund 17 cm Leitungslänge haben wir jedenfalls mehr als genügend Spielraum, um bequem arbeiten zu können.

2. Als Nächstes sind die Durchlässe für die Cinch-Buchsen an der Gehäuserückseite zu bohren. Ihre exakte Lage ist an der äußeren Rückseite anzuzeichnen. Da bei unserer Box die Rückwand abnehmbar ist, zeichnen wir die Bohrungen an der Innenseite an. Cinch-Buchsen erfordern einen Bohrungsdurchmesser von rund 5,5 mm. Um eine sichere Montage zu gewährleisten, sollten die Bohrungsmittelpunkte je rund 20 mm voneinander entfernt sein. Vor dem Bohren sind die angezeichneten Bohrpunkte mit einem Körner zu körnen. Das erleichtert das Aufsetzen des Bohrers und gewährleistet, dass das Loch auch wirklich dort gebohrt wird, wo man es haben möchte.

3. Die Gehäuserückwand ist in einen Schraubstock einzuspannen. Da der Durchmesser der geforderten Bohrung etwas groß ist, empfiehlt es sich, die Bohrungen in mehreren Schritten vorzunehmen. Zuerst ist mit einem kleinen Bohrer von rund 3 bis 3,5 mm Durchmesser vorzubohren. Anschließend werden die Bohrungen mit einem 5,5-mm-Bohrer auf den geforderten Durchmesser gebracht und mit einem Senker entgratet.

4. Es empfiehlt sich, die Buchsen noch nicht einzubauen, sondern zuerst einmal die Leitungen an sie anzulöten. Am besten eignet sich dazu ein Universallötkolben mit einer Leistung bis rund 40 Watt. Entscheidend bei der Lötkolbenwahl ist die Größe der Lötspitze, die ein exaktes Arbeiten pro Lötpunkt an der Platine zulassen soll. Die Signaladern sind auf den Mittelkontakt zu führen, die Masse an den äußeren Kontakt.

5. Als Nächstes sind die Leitungen an die Kontakte der SCART-Buchse an der Platinenunterseite anzulöten. Dazu sind sie aber bereits so durch die eben angefertigten Bohrungen zu führen, dass die Buchsen anschließend auch wirklich eingebaut werden können. Damit die Kabel keine leitende Verbindung mit benachbarten Lötpunkten eingehen, sind sie nur sehr kurz abzuisolieren. Für beide Audiokanäle ist nur ein gemeinsamer Massepunkt vorgesehen. An ihm sind die Masseleitungen beider Audiobuchsen anzulöten. Am leichtesten geht dies, wenn man sie gleichzeitig anlötet und zuvor schon etwas verdrillt.

Cinch-AV-Ausgang löten

Signalart	Pin	Cinch-Buchse
Videoausgang	19	gelbe Cinch-Buchse, Innenkontakt
Video Masse	17	gelbe Cinch-Buchse, Außenkontakt
Audio-links-Ausgang	3	weiße Cinch-Buchse, Innenkontakt
Audio-rechts-Ausgang	1	rote Cinch-Buchse, Innenkontakt
Audio Masse	4	weiße und rote Cinch-Buchse, Außenkontakt

Cinch-AV-Eingang löten

Signalart	Pin	Cinch-Buchse
Videoeingang	20	gelbe Cinch-Buchse, Innenkontakt
Video Masse	17	gelbe Cinch-Buchse, Außenkontakt
Audio-links-Eingang	6	weiße Cinch-Buchse, Innenkontakt
Audio-rechts-Eingang	2	rote Cinch-Buchse, Innenkontakt
Audio Masse	4	Weiße und rote Cinch-Buchse, Außenkontakt

1. Zuerst ermitteln wir die optimale Einbauanordnung für unsere Cinch-AV-Buchsen. Bei der Wahl der geeigneten Einbauorte ist der Platzbedarf der Platine, benachbarter Stecker und des Gehäusedeckels zu berücksichtigen.

DIGITAL-TV

2. Mit Schiebelehre, Anschlagwinkel und Schreiber zeichnen wir die Stellen unserer drei zu setzenden Bohrungen an.

3. Mit einem Körner und Hammer werden unsere drei anzufertigenden Bohrungen markiert.

4. Zum sicheren Arbeiten nutzen wir einen Maschinenschraubstock. Er erlaubt, das Werkstück gut einzuspannen und auch ein sicheres Bohren. Durch sein hohes Eigengewicht verrutscht er nicht. Alternativ kann man auch mit einem herkömmlichen Schraubstock arbeiten. Zur möglichst schonenden Behandlung des Werkstücks haben wir auf die Backen des Schraubstocks zwei Kunststoffwinkel gesteckt. Zuerst bohren wir die angezeichneten Löcher mit einem 3-mm-Bohrer vor.

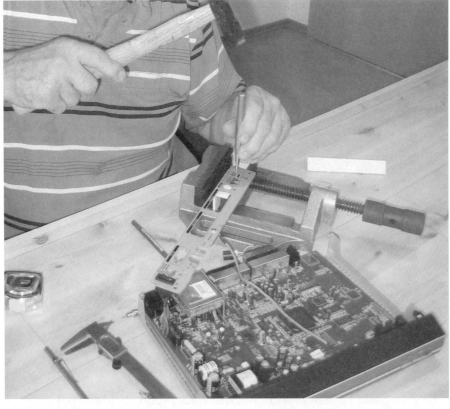

5. Anschließend bohren wir sie mit einem 5,5-mm-Bohrer auf den geforderten Durchmesser auf. Da bei dieser Bohrtätigkeit keine Power von der Bohrmaschine verlangt wird, kann man, so haben wir es auch getan, statt der Maschine einen Akkuschrauber zum Bohren verwenden.

6. Zuletzt sind alle Bohrungen an der Vorder- und Rückseite mit einem Senker zu entgraten. Dazu nutzt man extrem niedrige Drehzahlen.

7. Wir bereiten die Kabel vor. Nachdem sie ein Stück abisoliert wurden, …

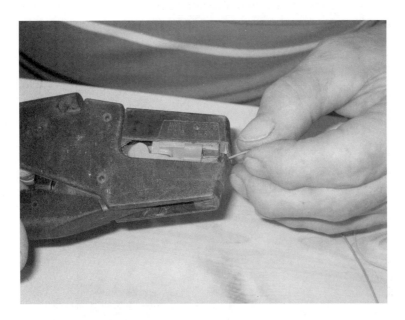

8. … werden ihre Spitzen mit etwas Lötzinn vorverzinnt. Das erleichtert später das Löten an der Platine.

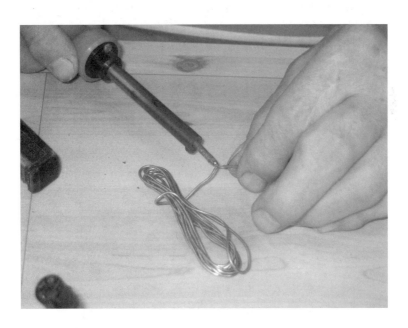

9. Bevor wir die Leitung anlöten, stutzen wir den blanken Teil auf wenige Millimeter zurück. Ansonsten würde der angelötete Draht auf der Platine auch bei anderen Kontakten anstehen und so für Fehlfunktionen sorgen.

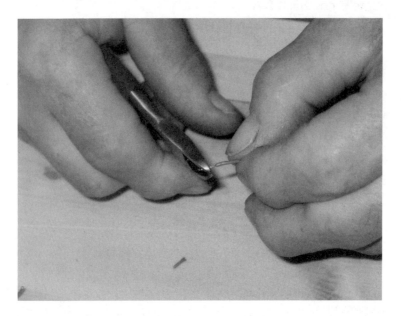

10. Nun wird's ernst. Die Leitungen sind an die schon zuvor herausgesuchten Kontakte anzulöten.

11. Eine kleine Herausforderung stellt das Anlöten der beiden Audiomasselei-
    tungen dar. Sie sind an einem gemeinsamen Punkt auf der Platine anzulö-
    ten. Zuerst sind die beiden Leitungen zu verdrillen, zu verzinnen und auf
    die benötigte Länge zu kürzen.

12. Das Löten geht im Übrigen leicht von der Hand. Obwohl die Lötpunkte für
    manche ziemlich klein und eng beieinanderliegend erscheinen mögen,
    wird die Lötarbeit durch das bereits vorhandene Lötzinn an den Arbeitsstel-
    len enorm erleichtert.

13. Es gibt mehrere Möglichkeiten, die Drähte an die Buchsen anzulöten. Eine Variante ist, sie zuerst ins Gehäuse einzubauen und erst dann die Leitungen anzulöten. Damit es zu keinen Verwechslungen kommt, empfehlen wir, entweder verschiedenfarbige Drähte zu verwenden oder sie gut zu beschriften.

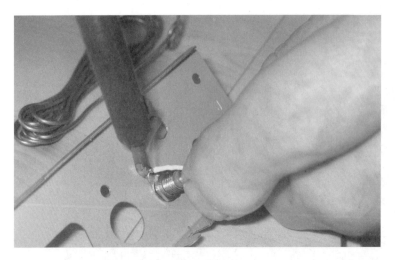

14. Als Alternative bietet sich an, die Leitungen an die noch ausgebauten Buchsen anzulöten. Hierzu haben wir den Masse-Kontaktring in den Maschinenschraubstock eingespannt und löten die zugehörige Leitung an. Achtung! Da der Ring im Geräteinneren zu montieren ist, darf das Kabel nicht durch die Bohrung gesteckt werden.

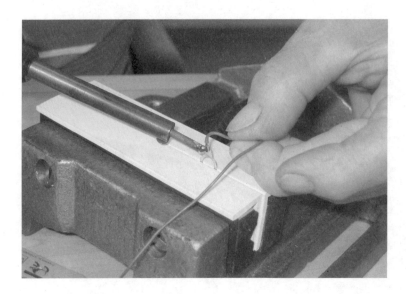

15. Bevor die zweite Ader an der Buchse angelötet werden kann, sind zuerst die Buchsen-Befestigungsmutter und der Masse-Kontaktring, an dem bereits eine Leitung angelötet wurde, auf sie zu fädeln. Anschließend ist der Draht durch die Bohrung zu stecken, in die die Buchse dann eingebaut werden soll.

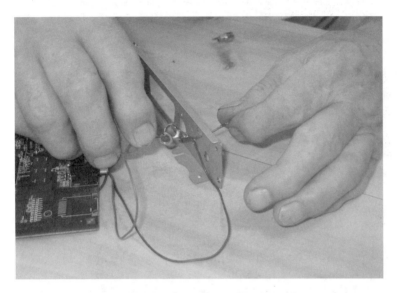

16. Auch das Anlöten des Mittelleiters stellt keine Herausforderung dar.

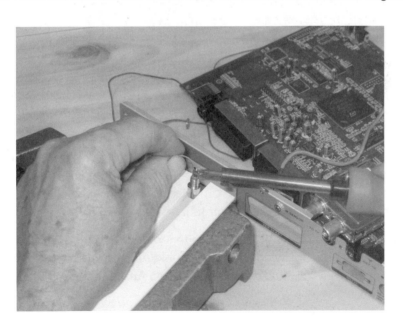

Zusammenbau und Funktionsprobe

Nachdem alle Lötarbeiten abgeschlossen sind, braucht das Gerät nur noch zusammengebaut zu werden. Als Erstes ist die Platine einzubauen. Um sicherzugehen, dass an den nun etwas größeren Lötpunkten an der Platinenunterseite keine leitende Verbindung zum Gehäuse auftritt, kann man sie mit etwas Isolierband abkleben oder, eleganter, an der betreffenden Stelle des Gehäuses ein Stück einer Kunststofffolie einkleben.

Bild 7.17 Beim erneuten Zusammenbauen des Receivers ist darauf zu achten, dass die angelöteten Leitungen sicher von der Platinenunterseite nach oben geführt werden können. Bei unserem Gerät ist seitlich genügend Platz. Um bequem arbeiten zu können, haben wir ausreichende Leitungslängen vorgesehen. So können wir das Gerät auch in Zukunft wieder bequem zerlegen, sollte es mal erforderlich sein.

Nachdem die Platine an der Gehäuseunter- und -rückseite vollständig angeschraubt wurde, können die Cinch-Buchsen eingebaut werden. Bevor der Gehäusedeckel aufgesetzt wird, ist noch zu überprüfen, ob auch wirklich alle Kabel an der Hauptplatine angesteckt wurden.

Hat man alle Arbeiten abgeschlossen, schreiten wir zur Funktionsprobe. War man sorgfältig, sollte die Box wieder genau so funktionieren wie zuvor. Als neues Feature kann man sich zusätzlich an den weiteren Anschlüssen erfreuen.

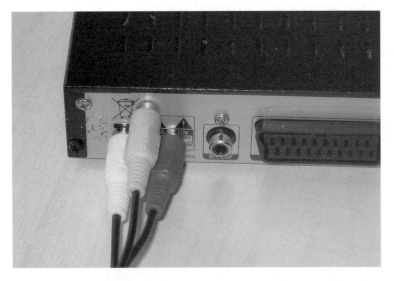

Bild 7.18 Abschließender Praxistest. Wir haben gut gearbeitet. Der neu eingebaute Cinch-AV-Ausgang funktioniert bestens. Irgendwann während der Arbeit haben wir die Garantieschutzplakette, die das Gerät vor unbefugtem Öffnen sichert, vollständig abgezogen. Reste davon sind noch an der Ecke zu erkennen. Das Siegel brauchen wir auch nicht mehr. Obwohl auf unserem Gerät noch ein Garantieanspruch lag, haben wir durch den Einbau der Cinch-Buchsen »freiwillig« darauf verzichtet.

7.4   Worauf es beim Betrieb zu achten gilt

Wird in einen Digitalreceiver ein zusätzlicher AV-Ausgang eingebaut, kann er im täglichen Betrieb uneingeschränkt genutzt werden. Einschränkungen gibt es allerdings, wenn man beispielsweise in einen Videorekorder selbst einen Cinch-AV-Eingang nachrüstet. Man muss sich darüber im Klaren sein, dass dieser weitere Eingang von der Software des Rekorders nicht als eigenständig erkannt wird. Wurde der selbst geschaffene Cinch-Eingang zum Beispiel parallel zur AV2-SCART-Buchse geschaltet, ist auch er AV2.

Mit anderen Worten: Möchte man von der an den selbst eingebauten Cinch-Buchsen angeschlossenen Signalquelle aufzeichnen, ist der Rekorder auf AV2 zu schalten, genau wie für den an der AV2-SCART-Buchse angeschlossenen Receiver. Sind beispielsweise ein Sat-Receiver und eine DVB-T-Box am AV2-SCART- und am neuen AV2-Cinch-Eingang angeschlossen, darf während einer laufenden Aufnahme nur die Box eingeschaltet sein, von der man gerade aufzeichnet. Schaltete man auch den zweiten Receiver ein, würden sich beide Signale überlagern, womit der Mitschnitt unbrauchbar werden würde.

Index

V

W

Z

Bildnachweis

Kapitel 1

Dieter Schulz

Yamaha Deutschland

Kapitel 2

Panasonic Deutschland

Dieter Schulz

Ulrich Dorn

Vivanco

Kapitel 3

Yamaha Deutschland

Dieter Schulz

Panasonic Deutschland

AVLiquid.com

Kapitel 4

Dieter Schulz

Kapitel 5

Dieter Schulz

Kapitel 6

Dieter Schulz

Kapitel 7

Dieter Schulz

Generationenwechsel – digitale Sat-Receiver sind Standard. Die Zeiten, in denen man die begrenzte Funktionalität seines Receivers als gegeben hinnehmen musste, gehören der Vergangenheit an. Die Modellvielfalt an digitalen Sat-Receivern, bei denen man selbst Hand anlegen kann, steigt stetig. Während der Arbeit an diesem Buch gab es bereits zu mehr als 80 Receivern alternative Software. Oft ist es gar nicht bekannt, dass man aus der vorhandenen Digitalbox weitaus mehr herausholen kann.

Das inoffizielle Sat-Receiver Buch

Schulz, Dieter; 2007, 160 Seiten

ISBN 978-3-7723-**4316-2**   € **16,95**

Besuchen Sie uns im Internet – www.franzis.de

Sie wollen Geld sparen und die notwendigen Installationsarbeiten selbst vornehmen? Dann haben sie mit diesem Buch die richtige Entscheidung getroffen. Hier finden Sie alle wichtigen Tipps und Tricks zur Installation einer digitalen SAT-Anlage. Ob Neuinstallation oder Umrüstung – in diesem Buch werden sie hersteller- und verkäuferneutral beraten. Auch wenn Sie alles lieber einem Fachmann überlassen wollen, wird Ihnen das Buch viele Vorentscheidungen abnehmen.

Digitale SAT-Anlagen selbst installieren

2. aktualisierte Auflage

Hanus, Bo; 2007; 128 Seiten

ISBN 978-3-7723-**5578**-3   € **14,95**

Besuchen Sie uns im Internet – www.franzis.de

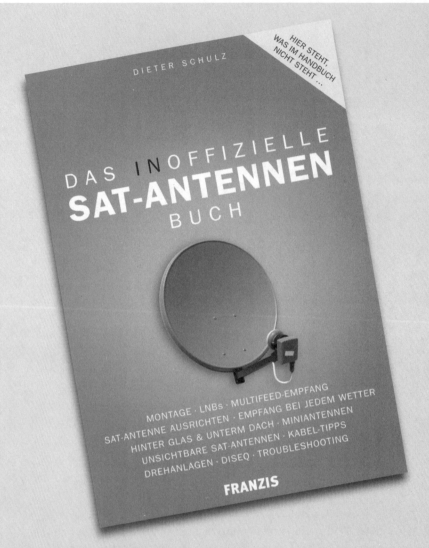